高等职业教育机电类专业系列教材

STM32应用技术项目式教程

刘旭东　刘英明　孙　畅◎主　编
李继强◎副主编

中国铁道出版社有限公司
CHINA RAILWAY PUBLISHING HOUSE CO., LTD.

内 容 简 介

为深入贯彻落实《国家职业教育改革实施方案》等文件精神，满足嵌入式开发技术迅速发展对职业院校专业和课程建设的需求，本书针对高等职业院校电子信息类专业要求进行编写，旨在帮助读者熟练使用仿真软件、C 语言编程。本书以 ARM Cortex M3 内核的 32 位处理器 STM32F103 系列为控制器，根据嵌入式系统的开发流程设计了七个专题共 32 个项目，介绍了 STM32 编译环境的搭建、I/O 接口的设计与仿真、外设驱动的设计与仿真、按键与中断设计与仿真、定时器设计与仿真、电动机驱动设计与仿真、模数转换设计与仿真、USART 设计与仿真等内容，涵盖了 STM32 开发的基础知识和应用技术。

本书引入 Proteus 仿真软件，所有项目都可以仿真实施，每个项目内容均和职业岗位技能、工作任务相融合，并在项目实施过程中进行知识点学习，体现了"任务驱动"的编写思路。

本书适合作为高等职业院校电子信息、嵌入式、智能机器人等专业嵌入式和单片机课程的教材，也可供智能电子产品制作爱好者自学。

图书在版编目（CIP）数据

STM32 应用技术项目式教程 / 刘旭东，刘英明，孙畅主编 .—北京：中国铁道出版社有限公司，2024.6
高等职业教育机电类专业系列教材
ISBN 978-7-113-31136-0

Ⅰ.①S… Ⅱ.①刘…②刘…③孙… Ⅲ.①微控制器-高等职业教育-教材 Ⅳ.① TP368.1

中国国家版本馆 CIP 数据核字（2024）第 067897 号

书　　名：	STM32 应用技术项目式教程
作　　者：	刘旭东　刘英明　孙　畅

策　　划：	杨万里	编辑部电话：	（010）63551926
责任编辑：	何红艳　杨万里　包　宁		
编辑助理：	郭馨宇		
封面设计：	高博越		
责任校对：	安海燕		
责任印制：	樊启鹏		

出版发行：中国铁道出版社有限公司（100054，北京市西城区右安门西街 8 号）
网　　址：https://www.tdpress.com/51eds/
印　　刷：河北燕山印务有限公司
版　　次：2024 年 6 月第 1 版　2024 年 6 月第 1 次印刷
开　　本：787 mm×1 092 mm　1/16　印张：15　字数：337 千
书　　号：ISBN 978-7-113-31136-0
定　　价：48.00 元

版权所有　侵权必究

凡购买铁道版图书，如有印制质量问题，请与本社教材图书营销部联系调换。电话：（010）63550836
打击盗版举报电话：（010）63549461

前言

随着物联网、人工智能、大数据等新技术的出现,各种新的行业应用层出不穷,8位单片机越来越不能满足应用需求。随着性价比的不断提高,32位单片机在很多行业取代了8位单片机而成为主流机型。STM32系列单片机市场占有率高、技术资料全面丰富、开发成本低、技术更新快,能不断满足新出现的各种需求,未来应用会更加广泛。

为了深入贯彻落实《国家职业教育改革实施方案》等文件精神,满足嵌入式开发技术迅速发展对职业院校专业和课程建设的需求,本书针对高等职业院校电子信息类专业要求进行编写,旨在帮助读者系统地学习和掌握STM32微控制器的应用技术。通过对本书的学习,读者能熟练使用嵌入式仿真软件、C语言编程,能完成简单的嵌入式产品的系统设计和仿真与调试,能根据产品及系统要求进行软硬件设计与开发,并能提高创新思维能力。

本书以解决实际项目为主线,采用"项目驱动,在做中学"的编写思路,连贯多个知识点,根据学习STM32的规律设计了多个专题,每个专题均由多个具体的实际项目组成,每个实际项目均将职业岗位基本技能结合相关知识,把知识、技能的学习融入项目完成的过程中。为了突出职业教育特色,顺应职业教育教学新模式,本书根据嵌入式系统设计的典型、真实情境,围绕"汽车"主题,为每个项目确定了一个落脚点,引导学生学习与训练嵌入式系统开发的基本技能,重视培养学生的硬件设计、软件编程能力、系统综合调试以及创新能力,为学生今后解决嵌入式开发问题和承担技术改造工作打下良好的基础。

本书所有项目都通过Proteus仿真软件进行实现,使读者即使没有硬件开发环境也能通过计算机完成STM32硬件电路设计、软件开发调试和仿真等一系列工作流程,节省硬件结构开发设计的人力物力,初步掌握从设计到产品模拟仿真实现的全过程。

本书在编写过程中重点结合了当前职业院校STM32嵌入式课程的开设情况和学生技能培养情况,注重将STM32相关的知识点和应用做出"实物仿真"的形式,在项目完成过程中做到强化训练,并且在理论知识点的导入过程中遵循"必需、够用"的原则,避免初学者在面对STM32繁多的知识点时产生困扰。为了方便学习,项目类型分为"跟着做""我能做""我能学"三类。三类项目从认知角度层层递进，适合多层次学生进行学习和训练。此外，本书在开发过程中，结合了编者在指导学生参加各类电子设计竞赛中积累的经验，将项目与电子设计竞赛应用相结合，对参加竞赛学生的训练也能起到借鉴意义。

本书以 ARM Cortex-M3 内核的 32 位处理器 STM32F103 系列为控制器，根据嵌入式系统的开发流程设计了七个专题共 32 个项目。专题一介绍 STM32 开发软件和模拟仿真软件的安装和使用基础；专题二通过点亮小灯的项目，使学生熟悉 STM32 模拟仿真开发模板和电路板开发模板的创建；专题三为各类汽车灯光效果、工厂照明设备的模拟仿真；专题四为红绿灯、路口倒计时器、油耗里程表、交通标志显示器的模拟仿真；专题五为车间计数器、矩阵键盘、汽车报警器的模拟仿真；专题六为倒计时器、电子秒表、PWM 波形发生器、音乐播放器的模拟仿真；专题七是综合项目，包括自动冲水系统、智能路灯控制器、PC 与 STM32 通信系统、温度检测系统的仿真与实现。

本书由长春汽车职业技术大学刘旭东、刘英明、孙畅任主编，长春汽车职业技术大学李继强任副主编。编写团队成员作为指导教师，均曾参加全国大学生电子设计竞赛并获得一、二等奖，在课程开发和指导学生竞赛过程中积累了丰富的教学经验。刘旭东负责全书的框架与统筹，并编写了专题一、专题三；刘英明编写了专题四、专题五；孙畅编写了专题六、专题七；李继强编写了专题二并负责全书的电路和程序验证等工作。

本书由长春汽车职业技术大学电气工程学院梁法辉院长、刘治满教授、李洋高级工程师主审，一汽集团公司研发总院高级技师刘富强给予了很多建设性的意见和建议，在此表示感谢。

由于编者水平有限，书中难免存在疏漏和不妥之处，敬请广大读者和专家批评指正。

编　者

2024 年 1 月

目 录

专题一　认识STM32和嵌入式系统 1

　　项目1.1　跟着做：Keil μVision5开发软件的安装 1
　　项目1.2　跟着做：Proteus 8 Professional的安装 8
　　项目1.3　跟着做：用Proteus 8 Professional软件绘制简单电路 15

专题二　搭建STM32编译环境 26

　　项目2.1　跟着做：新建一个STM32项目模拟仿真模板 26
　　项目2.2　我能做：新建一个基于开发板的STM32项目模板 39
　　项目2.3　跟着做：编写点亮一个LED小灯的C语言程序 43

专题三　STM32 I/O接口设计 48

　　项目3.1　跟着做：点亮一个LED小灯的模拟仿真 48
　　项目3.2　我能做：汽车LED日行灯的模拟仿真 53
　　项目3.3　我能做：汽车LED双闪灯的模拟仿真 58
　　项目3.4　我能做：汽车迎宾灯（流水灯）的模拟仿真 62
　　项目3.5　我能做：汽车转向灯的模拟仿真 67
　　项目3.6　我能学：工厂照明设备的模拟仿真 71

专题四　STM32 外设驱动设计 75

　　项目4.1　跟着做：单个数码管自动计数器的模拟仿真 75
　　项目4.2　我能做：路口红绿灯的模拟仿真（并行控制） 79
　　项目4.3　我能做：多个数码管的日期显示模拟仿真（串行控制） 83
　　项目4.4　我能做：路口LED倒计时器的模拟仿真 87
　　项目4.5　我能做：汽车油耗里程显示表模拟仿真 92
　　项目4.6　我能学：交通标志显示器模拟仿真 99

专题五	STM32按键与中断设计	112
项目5.1	跟着做：多功能汽车迎宾灯（流水灯）的模拟仿真	113
项目5.2	我能做：车间计数器的模拟仿真（查询）	118
项目5.3	我能做：矩阵键盘的模拟仿真	123
项目5.4	我能做：车间计数器的模拟仿真（中断）	128
项目5.5	我能学：汽车报警器的模拟仿真	138

专题六	STM32定时器设计	147
项目6.1	跟着做：汽车LED双闪灯的模拟仿真（基于SysTick定时器）	148
项目6.2	我能做：倒计时器的模拟仿真（基于SysTick定时器）	155
项目6.3	我能做：电子秒表的模拟仿真	165
项目6.4	我能做：PWM波形发生器的模拟仿真	182
项目6.5	我能学：音乐播放器设计	193

专题七	STM32综合项目设计	199
项目7.1	跟着做：洗手间自动冲水系统的模拟仿真	200
项目7.2	我能做：智能路灯控制器的模拟仿真	204
项目7.3	我能做：PC与STM32通信系统模拟仿真	213
项目7.4	我能学：STM32温度检测系统模拟仿真	223

附录A 图形符号对照表	232
参考文献	234

专题一　认识 STM32 和嵌入式系统

 教学导航

本专题从STM32开发软件的安装引入嵌入式系统的概念及其与单片机系统的区别，简单介绍STM32家族的芯片类型，可对基于STM32芯片进行开发的嵌入式系统有一个大致的了解，并且逐步熟悉Keil μVision5开发软件和Proteus 8 Professional 模拟仿真软件的使用方法。

项目内容	Keil μVision5 开发软件的安装 Proteus 8 Professional 模拟仿真软件的安装 点亮一个 LED 小灯的模拟仿真电路绘制
能力目标	能够独立安装 Keil μVision5 和 Proteus 8 Professional 能够新建 STM32 模拟仿真开发项目
知识目标	了解嵌入式系统的基本概念，认识 STM32 固件库 熟悉 STM32 系列芯片的特性、型号和分类 了解 STM32F103ZET6 和 STM32F103R6 资源与特点
重点和难点	重点：Keil μVision5 和 Proteus 8 Professional 软件的安装与基本使用方法 难点：建立基于 STM32 模拟仿真开发的项目模板
学时建议	8 学时
项目开发环境	Proteus 仿真软件、STM32 硬件开发板
电赛应用	STM32 控制器可以在多数的大学生电子类竞赛中作为主控制器使用。以"全国大学生电子设计竞赛"为例，竞赛题目以电子电路设计应用为基础，包括单片机、嵌入式系统、传感器控制、飞行器等方面的技术应用，都可以使用STM32 作为核心控制器 再如蓝桥杯全国软件和信息技术专业人才大赛，设有嵌入式设计与开发赛项，指定使用基于 STM32F103ZET6 为核心的开发板，比赛综合考查选手对 STM32系列处理器的基础知识和实际应用的能力

项目 1.1　跟着做：Keil μVision5 开发软件的安装

 项目分析

本教材项目基于Keil μVision 5软件进行编译，Keil是美国Keil Software公司出品的兼容单片机C语言软件开发系统,提供了包括C编译器、宏汇编、连接器、库管理和一个功能强大的仿真调试器等在内的完整开发方案,通过一个集成开发环境IDE(μVision)将这些部分组合在一起。

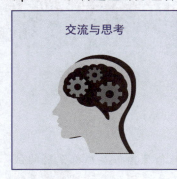

交流与思考

什么是IDE？

IDE 的全称为 integrated development environment,即集成开发环境。在实际开发中,除了编译器是必需的工具,往往还需要很多其他辅助软件,如代码提示器、调试器、项目管理工具等。这些工具通常被打包在一起,统一发布和安装,协同为开发人员提供一个IDE。比如C语言开发IDE可以选择Visual C++ 或者 Dev-Cpp。

在STM32 开发环境的选择上,对于初学者来说,Keil 的配置相对简单易上手,配套教程多,支持标准库。对于有了一定STM32开发经验的开发者来说,后期也可改为Clion+stm32cubemx IDE,其配置效率更高并且支持 HAL 库。

知识链接

一、单片机应用系统

随着计算机技术的飞速发展,计算机已经渗透人们生活的各个方面,影响着整个社会,改变了人们的生活方式。

这些计算机通常指的是个人计算机,即PC,由主机、键盘、显示器等组成。还有一类计算机,大多数人并不熟悉,这种计算机就是把智能赋予各种机械的单片机,又称微控制器。

单片机是指单片机微型计算机(single chip micorcomputer),即将中央处理器、存储器(ROM、RAM)、输入/输出(I/O)接口、单片系统(system on chip,SoC)和功能模块集成在一块芯片上的计算机。

单片机通常指的是芯片本身,它是由芯片制造商生产的,内部集成的是作为基本组成部分的运算器电路、控制器电路、存储器、中断系统、定时/计数器以及输入/输出接口电路等。但是一个单片机芯片不能把计算机的全部电路都集中到其中,如组成谐振电路和复位电路的元件(如石英晶体、电阻、电容等)在单片机系统中只能以分立元件的形式出现。此外,在实际的控制应用中,常常需要扩展外围电路和外围芯片。从中可以看到单片机和单片机应用系统的差别,即单片机只是一个芯片,而单片机系统则是在单片机芯片的基础上扩展其他电路或芯片构成的具有一定应用功能的计算机系统。

通常所说的单片机系统都是为实现某一控制应用的需要而设计的,是一个围绕单片机系统而组建的计算机应用系统。在单片机系统中,单片机处于核心地位,是构成单片机系统的硬件和软件基础。

在单片机硬件的学习上,既要学习单片机,也要学习单片机系统,即单片机芯片内部的组成和原理,以及单片机系统的组成方法。

二、嵌入式应用系统

嵌入式是一种专用的计算机系统,作为装置或设备的一部分。通常,嵌入式系统是一个控制程序存储在ROM中的嵌入式处理器控制板。事实上,所有带有数字接口的设备，如手表、微波炉、录像机、汽车等，都使用嵌入式系统，有些嵌入式系统还包含操作系统，但大多数嵌入式系统都是由单个程序实现整个控制逻辑。

嵌入式应用系统是以应用为中心，以现代计算机技术为基础，能够根据用户需求（功能、可靠性、成本、体积、功耗、环境等）灵活裁剪软、硬件模块的专用计算机系统。

嵌入式系统的特点如下：

（1）可裁剪性。支持开放性和可伸缩性的体系结构。

（2）强实时性。实时性一般较强，可用于各种设备控制中。

（3）统一的接口。提供设备统一的驱动接口。

（4）操作方便、简单，提供友好的图形GUI和图形界面，易学易用。提供强大的网络功能，支持TCP/IP协议及其他协议，提供TCP/UDP/IP/PPP协议支持及统一的MAC访问层接口，为各种移动计算设备预留接口。

（5）强稳定性，弱交互性。嵌入式系统一旦开始运行就不需要用户过多的干预，这就需要系统管理具有较强的稳定性。嵌入式操作系统的用户接口一般不提供操作命令，它通过系统的调用命令向用户程序提供服务。

（6）固化代码。在嵌入式系统中，嵌入式操作系统和应用软件被固化在嵌入式系统计算机的ROM中。

（7）更好的硬件适应性，也就是良好的移植性。

嵌入式系统和具体应用有机地结合在一起，它的升级换代也和具体产品同步进行，因此嵌入式系统产品一旦进入市场，便具有较长的生命周期。

三、从单片机到嵌入式

1. 结构升级

单片机系统基本结构：单片机由运算器、控制器、存储器、输入/输出设备构成。

嵌入式系统结构：嵌入式系统一般由嵌入式微处理器、外围硬件设备、嵌入式操作系统、特定的应用程序组成。

嵌入式系统设计的第一步是结合具体应用，综合考虑系统对成本、性能、可扩展性、开发周期等方面的要求，确定系统的主控器件，并以之为核心搭建系统硬件平台。

2. 软硬件升级

单片机是在一块集成电路芯片中包含了微控制器电路，以及一些通用的输入/输出接口器件。从构成嵌入式系统的方式看，根据现代电子技术发展水平，嵌入式系统可以用单片机实现，也可以用其他可编程的电子器件实现。其余硬件器件根据目标应用系统的需求而定。

制造商出厂的通用单片机内没有应用程序，所以不能直接运行。增加应用程序后，单片机就可以独立运行。嵌入式系统一定要有控制软件，实现控制逻辑的方式可以完全用硬件电路，也可以用软件程序。

3. 应用升级

单片机现在已经被认为是通用的电子器件了,单片机自身为主体。嵌入式系统在物理结构关系上是从属的,其被嵌入安装在目标应用系统内,但在控制关系上却是主导的,是控制目标应用系统运行的逻辑处理系统。尽管可以用不同方式构成嵌入式系统,但是一旦构成之后,嵌入式系统就是一个专用系统。专用系统中,可编程器件的软件可以在系统构建过程中植入,也可以在器件制造过程中直接生成,以降低制造成本。控制逻辑复杂的单片机需要操作系统软件支持;控制逻辑简单的嵌入式系统也可以不用操作系统软件支持。

通俗地说,车载导航系统是一个典型的嵌入式系统,它服务于整车的控制系统,留有丰富的接口与行车计算机等设备进行通信,拥有嵌入式系统强大的数据处理能力和存储能力。由于具有明确的应用目的,所以车载导航在生产过程中在可以对硬件进行一定程度的"定制",又称"可裁剪性",同时在后期使用中也可以提供给用户新的固件进行"软件升级"。而这些特性是传统单片机系统尤其是8位机系统从硬件规格到系统构架都不具备的。传统单片机的英文名称是single chip micyoco或single chip microcomputer,从中可以看出在其设计初期就有着将外围电路内装化的目的,所以单片机的本质就是一块集成控制器,它可以应用到多种控制场合中,当然也包括嵌入式系统(前提是它的性能要足够强大),然而有更多更强大又具有性价比的面向嵌入式系统的芯片出现,逐渐代替了传统单片机的历史地位。

项目实现

(1)下载Keil μVision5开发软件的安装文件mdk5.exe后双击,即可开始安装。选择Full Version。单击Next按钮,如图1.1所示。

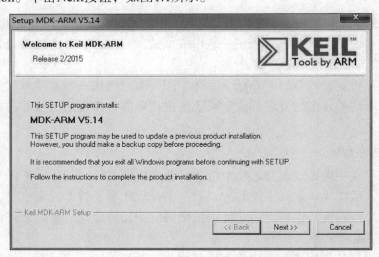

图 1.1 安装界面 1

(2)在License Agreement界面中,勾选I agree to all the terms of the preceding License Agreement复选框,单击Next按钮,如图1.2所示。

(3)在Folder Selection界面中,在Destination Folders区域填写安装位置和安装地

址，单击Next按钮，如图1.3所示。

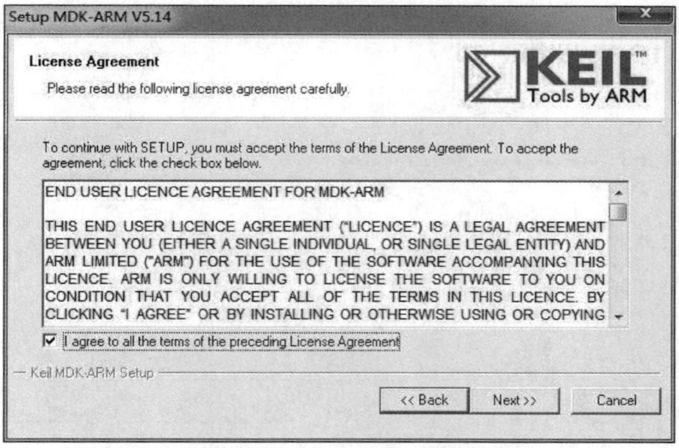

图 1.2 License Agreement 界面

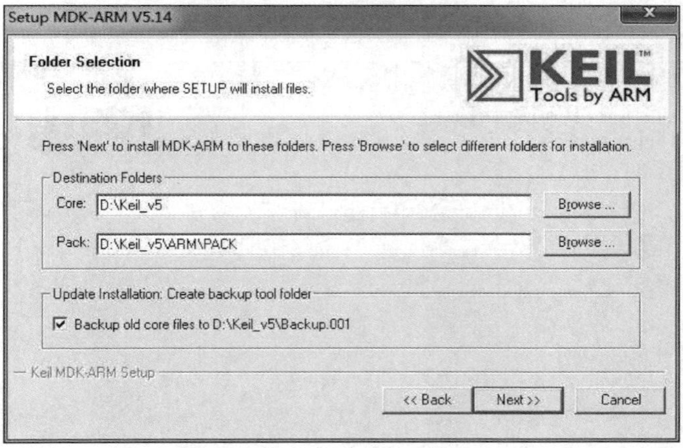

图 1.3 Folder Selection 界面

（4）在Customer Information界面中，填写相应信息后单击Next按钮，如图1.4所示。

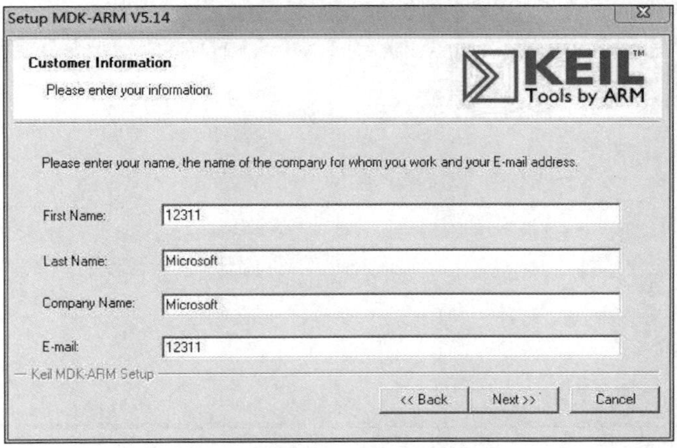

图 1.4 Customer Information 界面

(5)在Setup Status界面中,等待安装完成后单击Next按钮,如图1.5所示。

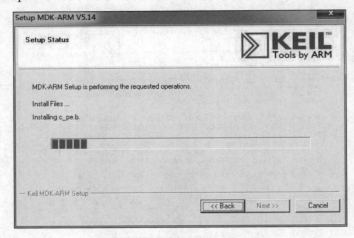

图 1.5 Setup Status 界面

(6)安装完成后单击Finish按钮,如图1.6所示。

图 1.6 安装完成界面

(7)安装完成后自动打开图1.7所示界面。

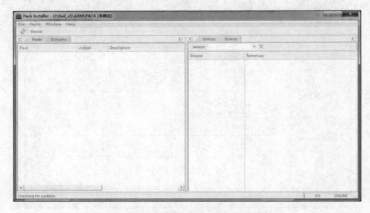

图 1.7 安装完成后自动打开的界面

（8）进入自动下载资源界面，如图1.8所示。

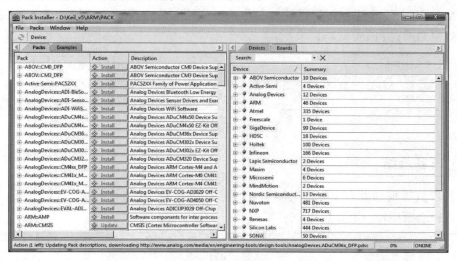

图 1.8　自动下载资源界面

（9）如果自动下载失败，用户可通过浏览器搜索 Keil.STM32F1xx_DFP.1.0.5.pack 并下载安装配置文件。安装完成如图1.9所示。

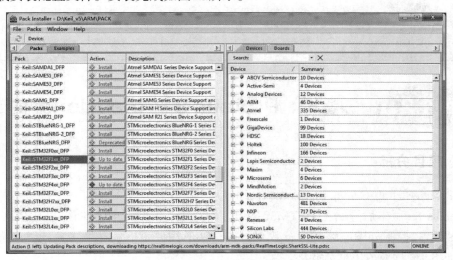

图 1.9　最终安装完成界面

这时计算机桌面上出现keil5的图标，右击该图标，在弹出的快捷菜单中选择管理员身份即可打开软件。

打开软件后，为了方便程序的编写，还需要备份STM32F103ZE芯片库文件。单击图1.10中的 按钮。

图 1.10　备份 STM32F103ZE 芯片库文件

打开的窗口如图1.11所示,在左侧窗口中选择自己使用的芯片或开发板,这里选择STM32F103ZE芯片。右侧区域是芯片简要说明与库文件下载链接,单击链接即可下载STM32F103ZE的库文件。

STM32F103ZD	ARM Cortex-M3, 72 MHz, 64 kB RAM, 384 kB ROM
STM32F103ZE	ARM Cortex-M3, 72 MHz, 64 kB RAM, 512 kB ROM
STM32F103ZF	ARM Cortex-M3, 72 MHz, 96 kB RAM, 768 kB ROM

图 1.11 下载库文件

 项目总结

读者只需根据以上步骤依次操作,即可完成Keil μVision5开发软件的安装。此项目也是后面模拟仿真开发的基础。

小提示	本书中的"跟着做""我能做""我能学"
	"跟着做"项目——基础性认知与验证性、模仿性项目。无须项目知识准备只需按照步骤即可完成,体会开发过程,培养项目开发和软件调试的技能。 "我能做"项目——难度适中的开发类、模拟仿真类项目。需要学习项目前面的知识储备后才能按照项目要求独立完成,能根据注释读懂或者改写、应用简单的代码程序。 "我能学"项目——有一定难度的硬件开发、模拟仿真类项目。由于代码量较大或者开发板不统一,需要根据不同硬件改写程序才能实现项目功能。

项目 1.2　　跟着做:Proteus 8 Professional 的安装

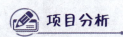 项目分析

Proteus是Lab Center Electronics公司推出的一个EDA工具软件,目前版本号为8,在Proteus 8.6版本后开始支持STM32系列芯片的仿真,即无须硬件开发板就可以模拟仿真STM32控制外围电路的运行效果,本书从通用性考虑,在大多数项目中都采用Proteus 8.9进行模拟仿真与调试。

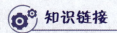 知识链接

一、STM32 处理器选型

STM32系列处理器是由ST公司以ARM Cortex-M3为内核开发生产的32位处理器,专为高性能、低成本、低功耗的嵌入式应用而设计。ST公司即意法半导体公司,成立于1987年,是意大利SGS半导体公司和法国汤姆逊半导体合并后的企业,STM32中的ST为意法半导体公司的缩写,M是microcontrollers(即单片机)的缩写,32代表32位。意法半导体已经推出STM32基本型系列、增强型系列、USB基本型系列、互补型系列;新系列产品沿用增强型系列的72 MHz处理频率。内存包括64 KB到256 KB

闪存和20 KB到64 KB嵌入式SRAM。新系列采用LQFP64、LQFP100和LFBGA100三种封装，不同的封装保持引脚排列一致性，结合STM32平台的设计理念，开发人员通过选择产品可重新优化功能、存储器、性能和引脚数量，以最小的硬件变化满足个性化的应用需求，处理器外观如图1.12所示。

图 1.12　STM32 处理器

STM32微控制器芯片分为：主流级MCU，包括F0系列、F1系列和F3系列；高性能MCU，包括F2系列、F4系列、F7系列和H7系列；超低功耗MCU，包括L0系列、L1系列、L4系列和L4+系列；无线MCU，包括WB系列。STM32微控制器芯片分类见表1-1。

表 1-1　STM32 微控制器芯片分类

分类	内核				典型型号
	Cortex-M0 Cortex-M0+	Cortex-M3	Cortex-M4	Cortex-M7	
高性能 MCU		STM32F2	STM32F4	STM32F7 STM32H7	STM32F207ZET6 STM32F429IGT6 STM32F767ZIT6
主流级 MCU	STM32F0	STM32F1	STM32F3		STM32F030RC STM32F103ZET6 STM32F302CB
超低功耗 MCU	STM32L0	STM32L1	STM32L4 STM32L4+		STM32L151C8T6
无线 MCU			STM32WB		STM32WB55

STM32内核构架基于ARM公司的Cortex系列，ARM公司一直以来都是自主研发微处理器内核架构，然后将这些架构的知识产权授权给各个芯片厂商，精简的CPU架构，高效的处理能力以及成功的商业模式让ARM公司获得了巨大的成功，使其迅速占据了32位嵌入式微处理器包括STM32处理器的大部分市场份额。Cortex系列属于ARMv7架构，以Cortex-M3系列为例，该系列是为那些对开发费用非常敏感同时对性能要求小且需求不断增加的嵌入式应用（如微控制器、汽车车身控制系统和各种大

型家电）设计的，主要面向单片机领域，可以说是51单片机的完美替代品。STM32的内核构架如图1.13所示。

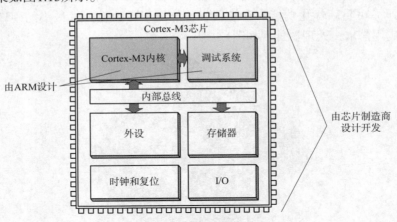

图 1.13 STM32 内核构架

STM32每个类别下均具有多个型号供用户选择，通过扩展名进行功能区别，同时意法公司提供选型说明书，详细介绍了不同扩展名代表的含义，以STM32F051R8T6为例，扩展名的型号说明如图1.14所示。

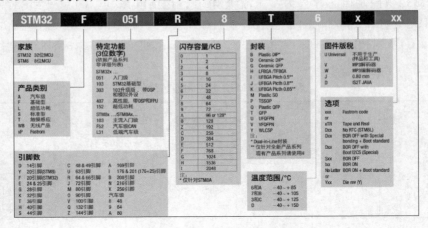

图 1.14 STM32 命名规则

二、STM32 处理器特征认知

内核：ARM32位Cortex-M3 CPU，最高工作频率72 MHz，1.25 DMIPS/MHz。单周期乘法和硬件除法。

存储器：片上集成32~512 KB的Flash存储器。6~64 KB的SRAM存储器。

时钟、复位和电源管理：2~3.6 V的电源供电和I/O接口的驱动电压；上电复位（POR）、掉电复位（PDR）和可编程的电压探测器（PVD）；4~16 MHz的晶振；内嵌出厂前调校的8 MHz RC振荡电路；内部40 kHz的RC振荡电路；用于CPU时钟的PLL（相锁环）；带校准用于RTC（实时时钟）的32 kHz的晶振。

低功耗模式：休眠、停止和待机模式。低功耗还包括为RTC和备份寄存器供电的VBAT。

调试模式：串行调试（SWD）和JTAG接口。

DMA：12通道DMA控制器。支持的外设：定时器、ADC（模数转换）、DAC（数模转换）、SPI（串行外设接口）、IIC（集成电路总线）和UART（通用串行数据总线）。

3个12位的微秒级的A/D转换器（16通道）：A/D测量范围为0~3.6 V；拥有双采样和保持能力，片上集成一个温度传感器。

2通道12位D/A转换器：STM32F103xC、STM32F103xD、STM32F103xE（独有）。

最多112个快速I/O端口：根据型号的不同，有26、37、51、80和112个I/O端口，所有端口都可以映射到16个外部中断向量。除了模拟输入，所有都可以接受5 V以内的输入。

最多11个定时器：4个16位定时器，每个定时器有4个IC/OC/PWM或脉冲计数器；2个16位的6通道高级控制定时器，可用于PWM输出；2个看门狗定时器（独立看门狗和窗口看门狗）；SysTick定时器：24位倒计数器；2个16位基本定时器用于驱动DAC。

最多13个通信接口：2个IIC接口（SMBus/PMBus）；5个USART接口（ISO7816接口，LIN（局域互联总线网络），IrDA（红外数据传输）兼容，调试控制）；3个SPI接口（18 Mbit/s，两个和IIS（集成电路内置音频总线）复用；CAN接口（2.0B）；USB 2.0全速接口；SDIO接口。

ECOPACK封装：STM32F103xx系列微控制器采用ECOPACK封装形式。

项目实现

（1）下载Proteus 8.9安装包并双击运行，单击Next按钮，如图1.15所示。

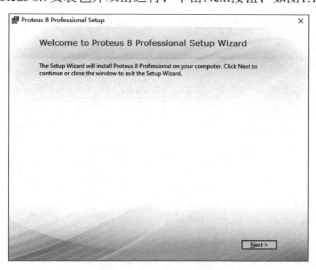

图1.15 Proteus 安装欢迎界面

（2）打开Read the Labcenter Electronics Licence Terms界面，勾选I accecpt the terms of this agreement.复选框，单击Next按钮，如图1.16所示。

（3）打开Setup Type界面，选中Use a locally installed license key单选按钮，选择购买好的注册文件，单击Next按钮，如图1.17所示。

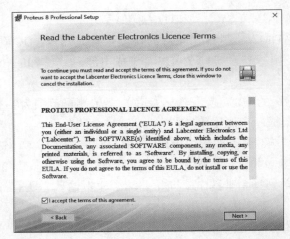

图 1.16 Read the Labcenter Electronics Licence Terms 界面

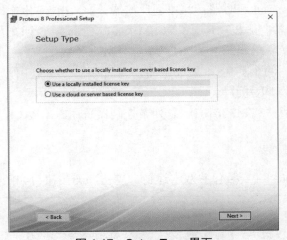

图 1.17 Setup Type 界面

（4）打开Import Legacy Styles, Templates and Libraries界面，保持默认设置，单击Next按钮，如图1.18所示。

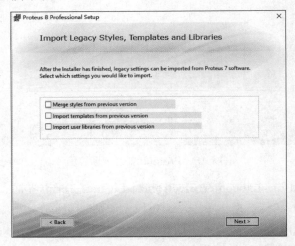

图 1.18 Import Legacy Styles, Templates and Libraries 界面

（5）打开Choose the installation you want界面，选中Custom选项，如图1.19所示。

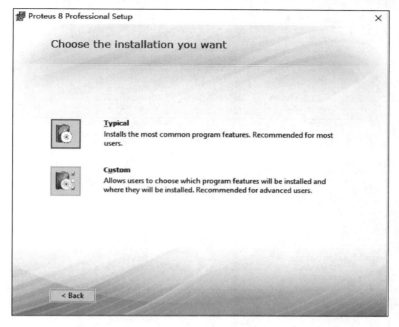

图 1.19　Choose the installation you want 界面

（6）打开Choose a file location界面，将程序安装路径和数据路径修改为一致，不然在软件使用过程中会发生闪退现象，这里的安装路径是C：\Program Files（x86）\Labcenter Electronics\Proteus 8 Professional\，单击Next按钮，如图1.20所示。

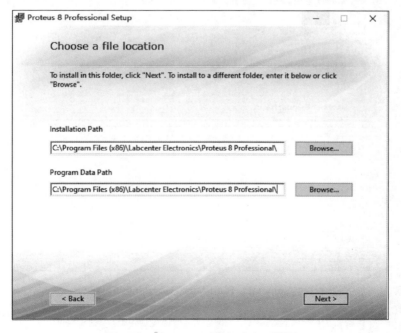

图 1.20　Choose a file location 界面

（7）打开Custom Setup界面，保持默认设置，单击Next按钮，如图1.21所示。

14 STM32 应用技术项目式教程

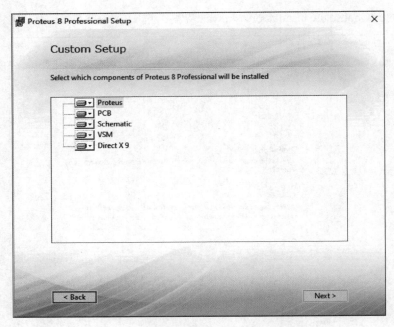

图 1.21　Custom Setup 界面

（8）打开Select the Start Menu Shortcuts Folder界面，保持默认设置，单击Next按钮，如图1.22所示。

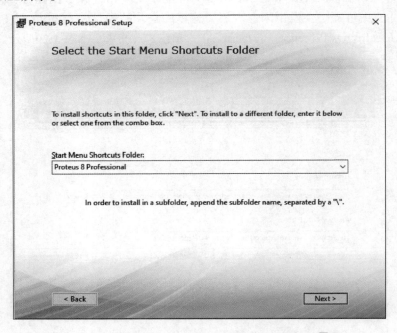

图 1.22　Select the Start Menu Shortcuts Folder 界面

（9）打开Begin installation of Proteus 8 Professional界面，单击Install按钮开始安装，如图1.23所示。

（10）安装后打开软件，如图1.24所示。

专题一　认识STM32和嵌入式系统

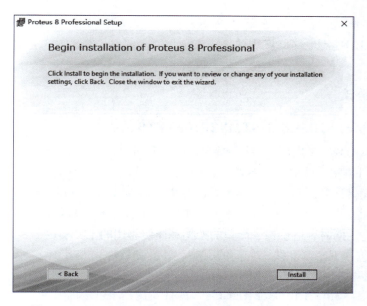

图 1.23　Begin installation of Proteus 8 Professional 界面

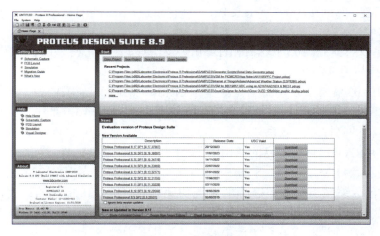

图 1.24　软件界面

项目总结

读者只需根据项目实现步骤依次操作，即可完成 Proteus 8 Professional 模拟仿真软件的安装。

项目 1.3　跟着做：用 Proteus 8 Professional 软件绘制简单电路

项目分析

在学习8位机和嵌入式芯片时，一般来讲，第一个项目都是通过I/O端口驱动一个LED小灯的亮灭。在不具备开发板的条件下，可以借助Proteus 8 Professional软件，模拟仿真出LED控制电路的实现效果。本项目就是绘制一个STM32芯片驱动LED小灯的电路。

知识链接

一、STM32F103R6 和 STM32F103ZET6 的认知

STM32F103ZET6是目前市场和教学开发板中比较常用的STM32芯片型号，属于STM32F1系列芯片。STM32F1系列主流MCU可以满足工业、医疗和消费类市场等各种应用需求。凭借该产品系列，意法半导体在全球ARM Cortex-M微控制器领域处于领先地位，同时树立了嵌入式应用的里程碑。该系列利用一流的外设和低功耗、低压操作实现了高性能，同时合适价格、简单的架构和简便易用的工具实现了高集成度。

该系列包含五个产品线，它们的引脚、外设和软件均兼容。

- 超值型STM32F100-24MHzCPU，具有电动机控制和CEC功能。
- 基本型STM32F101-36MHzCPU，具有高达1 MB的闪存。
- STM32F102-48MHzCPU具备USBFS（全速外设的固件接口）。
- 增强型STM32F103-72MHzCPU，具有高达1 MB的闪存、电动机控制、USB和CAN。
- 互联型STM32F105/107-72MHzCPU，具有以太网MAC、CAN和USB2.0OTG（即插即用设备）。

STM32F103系列微处理器是首款基于ARMv7-M体系结构的32位标准RISC（精简指令集计算机）处理器，提供很高的代码效率，在8位和16位系统的存储空间上发挥了ARM内核的高性能。该系列微处理器工作频率为72 MHz，内置高达128 KB的闪存和20 KB的SRAM，具有丰富的通用I/O端口。

作为嵌入式ARM处理器，STM32F103系列微处理器为实现MCU的需要，提供了低成本的平台、缩减引脚数目、降低系统功耗，同时提供了卓越的计算性能和先进的中断响应系统。丰富的片上资源使得其在多种领域如电动机驱动、实时控制、手持设备、PC游戏外设和空调系统等都展现出了其强大的发展潜力。

STM32F103系列微处理器主要资源和特点如下：

（1）多达51个快速I/O端口，所有I/O端口均可映像到16个外部中断，几乎所有端口都允许5 V信号输入。每个端口都可以由软件配置成输出（推挽或开漏）、输入（是否使能上下拉电阻）或其他外设功能口。

（2）2个12位模数转换器，多达16个外部输入通道，转换速率可达1 MHz，转换范围为0~36 V；具有双采样和保持功能；内部嵌入有温度传感器，可方便地测量处理器温度值。

（3）灵活的7路通用DMA，可以管理存储器到存储器、设备到存储器和存储器到设备的数据传输，无须CPU任何干预。通过DMA可以使数据快速移动，CPU的资源可用于其他操作。DMA控制器支持环形缓冲区的管理，避免了控制器传输到达缓冲区结尾时所产生的中断。它支持的外设包括：定时器、ADC、SPI、IIC和USART等。

（4）调试模式：支持标准的20脚JTAG仿真调试以及针对Cortex-M3内核的串行调试（SWD）功能。通常默认的调试接口是JTAG接口。

（5）内部包含多达7个定时器，具体名称和功能见表1-2。

表1-2　STM32F103系列各个定时器名称及其作用

名　　称	数目	作　　用
通用定时器	3	16位定时器，每个定时器有4个用于输入捕获/输出比较/PWM/脉冲计数的通道
高级控制定时器	1	16位6通道高级控制定时器，可以控制6路PWM输出，波形可选择边沿或中间对齐，并且带有死区控制、紧急制动等功能
看门狗定时器	2	分为独立看门狗和窗口看门狗；独立看门狗可用于在发生问题时复位整个系统，或作为一个自由定时器为应用系统提供超时管理；窗口看门狗具有早期预警中断功能，用于在发生问题时复位整个系统
系统时基定时器	1	24位递减计数器，主要实时操作系统，也可作为一个标准的递减计数器

（6）含有丰富的通信接口：3个USART异步串行通信接口、2个IIC接口、2个SPI接口、1个CAN接口和1个USB接口，为实现数据通信提供了保证。

交流与思考 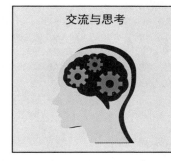	没有8位单片机基础，能学习STM32吗？
	初次上手学习处理器，可能看不懂上面的名词缩写。可以明确的是，零单片机基础学习STM32是完全可以的。但需要一些模电、数电的知识和C语言基础。和很多工科学科一样，在学习STM32的过程中可以先接受一些基础设定，模仿有经验的开发者的操作，先不用探究"为什么"，等做完几个小项目再回来看就能一点点掌握了。

为了便于初学者上手学习并使本书具有通用性，除了在实训箱使用型号为STM32F103ZET6芯片以外，在多数项目中使用Proteus仿真软件模拟程序运行观察效果，由于Proteus仿真软件的最新版本仅支持STM32F103C、STM32F103R、STM32F103T和STM32F401相关系列，本书选择STM32F103R6作为项目的控制芯片。通过前文选型方法可知R6和ZET6芯片的区别在于引脚（封装）不同，闪存的容量不同，所以在使用Proteus仿真软件的硬件联调时可能需要修改I/O端口和编译软件的配置修改。这里建议Proteus仿真软件还是作为教学仿真之用，目前，Proteus 8 Professional模拟仿真软件对STM32系列芯片的支持还远远达不到对8位单片机的支持兼容性那么良好，如STM32定时器、固件库函数改写等，在后面项目实现过程中会对支持不好的功能进行提示或者程序注释，并且在仿真软件无法支持的项目中，将在硬件开发板上运行并且对运行效果进行描述。

小提示	本书中的STM32F103ZET6开发板
	本书中基于硬件的项目使用的是拓教科技有限公司开发的单片机综合开发试验箱（STM32）。当使用自己的开发板时，要注意使用的I/O端口是否冲突，功能模块是否存在或走线是否一致，一般情况下，基于硬件电路的"自己学"项目都需要对程序进行修改或调用程序到自己的代码中才能实现项目功能。

二、STM32 常用名词和缩写

对于STM32的初学者或有8位单片机开发经验的人员，会对复杂的型号和较多的专业性词汇学习起来有障碍。以下汇总了和STM32相关的概念和一些缩写，为后期深入学习打好基础。有些概念在初学阶段可以先简单了解一下，待完成整本书的学习后，可返回本章节看看这些概念是否都掌握清楚，做查缺补漏之用，见表1-3。

表 1-3　STM32 常用名词和缩写

名　　词	
ARM 构架和 ARM 芯片	英国 ARM 公司是全球领先的半导体知识产权（intelligence property，IP）提供商。全世界超过 95% 的智能手机和平板电脑都采用 ARM 架构。ARM 设计了大量高性价比、耗能低的 RISC 处理器、相关技术及软件。技术具有性能高、成本低和能耗省的特点。在智能手机、平板电脑、嵌入控制、多媒体数字等处理器领域具有主导地位 ARM 公司自 1990 年正式成立以来，在 32 位开发领域不断取得突破，其结构已经从 V3 发展到 V7。由于 ARM 公司自成立以来，一直以 IP 提供者的身份向各大半导体制造商出售知识产权，而自己从不介入芯片的生产销售，加上其设计的芯核具有功耗低、成本低等显著优点，因此获得众多半导体厂家和整机厂商的大力支持，在 32 位嵌入式应用领域获得了巨大的成功，已经占有 75% 以上的 32 位 RISC 嵌入式产品市场
CISC 和 RISC	CISC（complex instruction set computer，复杂指令集计算机）和 RISC（reduced instruction set computer，精简指令集计算机）是两大类主流的 CPU 指令集类型，其中 CISC 以 Intel AMD 的 x86 CPU 为代表，而 RISC 以 ARM、IBM Power 为代表。RISC 的设计初衷针对 CISC CPU 复杂的弊端，选择一些可以在单个 CPU 周期完成的指令，以降低 CPU 的复杂度，将复杂性交给编译器。RISC 的特点是所有指令的格式都是一致的，所有指令的指令周期也是相同的，并且采用流水线技术
缩　　写	
硬件缩写	ARM：advanced RISC machine，高级精简指令集计算机 AAPCS：ARM architecture process call standard，架构程序调用标准 RISC：reduced instruction set computer，精简指令集计算机 RTOS：real time operating system，实时操作系统 DMA：direct memory access，存储器直接访问 ALU：arithmetic logical unit，算术逻辑部件 EXTI：external interrupts，外部中断 FSMC：flexible static memory controller，可变静态存储控制器 FPB：flash patch and breakpoint FLASH，转换及断电单元 HSE：high speed external，高速外部时钟 HSI：high speed internal，高速内部晶振时钟 LSE：low speed external，低速外部时钟 LSI：low speed Internal，低速内部晶振时钟 LSU：load store unit，存取单元 PFU：prefetch unit，预取单元 ISR：interrupt service routines，中断服务程序 NMI：nonmaskable interrupt，不可屏蔽中断 NVIC：nested Vectored interrupt controller，嵌套向量中断控制器 MPU：memory protection unit，内存保护单元 MIPS：million instructions per second，每秒能执行的百万级指令的条数 RCC：reset and clock control，复位和时钟控制 RTC：real-time clock，实时时钟 IWDG：independent watchdog，独立看门狗 WWDG：window watchdog，窗口看门狗 TIM：timer，定时器

续表

缩　写	
硬件缩写	GAL：generic array logic，通用阵列逻辑电路 PAL：programmable array logic，可编程阵列逻辑电路 ASIC：application specific integrated circuit，专用集成电路 FPGA：field programmable gate array，现场可编程门阵列 CPLD：complex programming logic device，复杂可编程逻辑器件
端口	AFIO：alternate function I/O，复用 I/O 端口 GPIO：general purpose input/output，通用 I/O 端口 IOP（A-G）：I/O port A-I/O port G（如 IOPA：I/O port A） CAN：controller area network，控制器局域网 FLITF：the flash memory interface，闪存存储器接口 IIC：inter-integrated circuit，微集成电路 IIS：integrate interface of sound，集成音频接口 JTAG：joint test action group，联合测试行动小组 SPI：serial peripheral interface，串行外围设备接口 UART：universal synchr/asynch receiver transmitter，通用异步接收/发送装置 USB：universal serial bus，通用串行总线
寄存器	CPSP：current program status register，当前程序状态寄存器 SPSP：saved program status register，程序状态备份寄存器 CSR：clock control/status register，时钟控制状态寄存器 LR：link register，连接寄存器 SP：stack pointer，堆栈指针 MSP：main stack pointer 主堆栈指针 PSP：process stack pointer，进程堆栈指针 PC：program counter，程序计数器
调试	ICE：in circuit emulator，在线仿真 ICE Breaker：嵌入式在线仿真单元 DBG：debug，调试 IDE：integrated development environment，集成开发环境 DWT：data watchpoint and trace，数据观测与跟踪单元 ITM：instrumentation trace macrocell，测量跟踪单元 ETM：embedded trace macrocell，嵌入式追踪宏单元 TPIU：trace port interface unit，跟踪端口接口单元 TAP：test access port，测试访问端口 DAP：debug access prot，调试访问端口 TP：trace port，跟踪端口 DP：debug port，调试端口 SWJ-DP：serial wire JTAG debug port，串行 JTAG 调试接口 SW-DP：serial wire debug port，串行调试接口 JTAG-DP：JTAG debug port，JTAG 调试接口
系统	IRQ：interrupt request，中断请求 FIQ：fast interrupt request，快速中断请求 SW：software，软件 SWI：software interrupt，软中断 RO：read only，只读（部分） RW：read write，读写（部分） ZI：zero initial，零初始化（部分） BSS：block started by symbol，以符号开始的块（未初始化数据段）

续表

缩　　写	
总线	bus matrix：总线矩阵 bus splitter：总线分割 AHB-AP：advanced high-preformance bus-access port，高速总线接口 APB：advanced peripheral bus，高级外设总线 APB1：low speed APB，低速高级外设总线 APB2：high speed APB，高速高级外设总线 PPB：private peripheral bus，专用外设总线

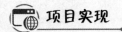

项目实现

（1）在菜单栏中选择File→New Project命令，打开新建项目引导窗口，如图1.25所示，项目名称设置为New Project.pdsprj，这里不要出现中文和特殊符号，项目路径也不要出现中文，单击Next按钮。

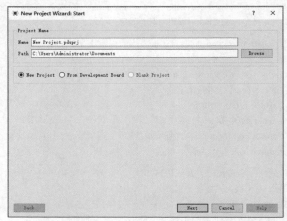

图 1.25　New Project Wizard:Start 界面

（2）在之后弹出的三个窗口如图1.26~图1.28所示，此处保持默认设置，均直接单击Next按钮即可。

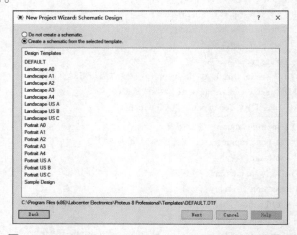

图 1.26　New Project Wizard: Schematic Design 界面

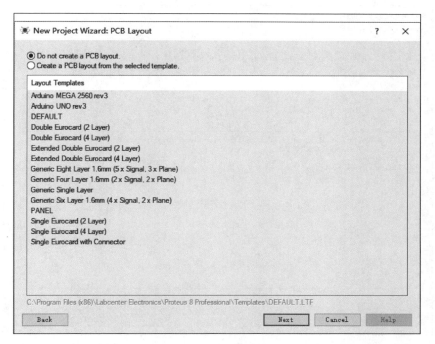

图 1.27　New Project Wizard:PCB Layout 界面

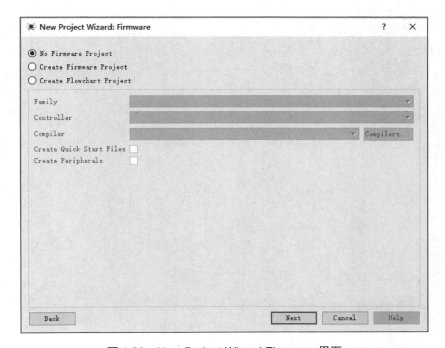

图 1.28　New Project Wizard:Firmware 界面

（3）新建项目的总体设置如图1.29所示，单击Finish按钮，完成项目创建，弹出原理图绘制面板，如图1.30所示。

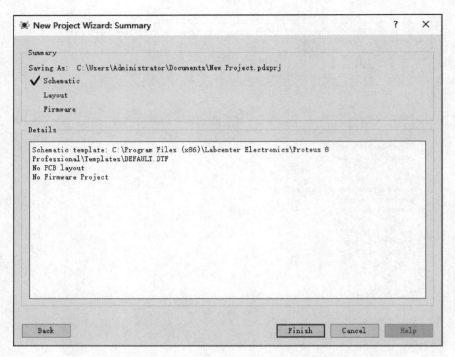

图 1.29　New Project Wizard:Summary 界面

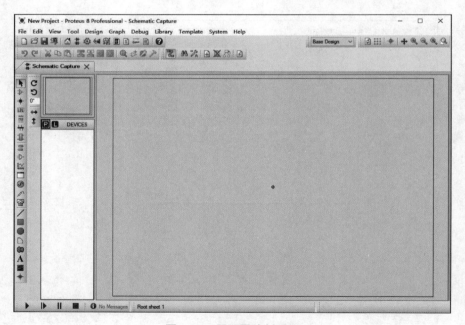

图 1.30　原理图绘制面板

单击图1.30中框选的按钮 ᴘ 可以在打开的器件库中挑选器件，分别找到STM32 F103R6、红色发光二极管LED-RED和限流电阻RES，如图1.31~图1.33所示。查找到器件时，在器件名称上双击，此器件就会加入DEVICES库中。

专题一　认识 STM32 和嵌入式系统　23

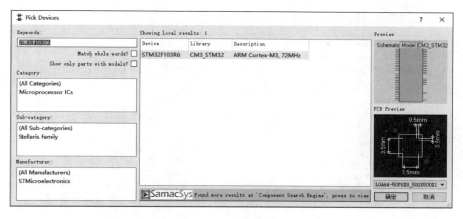

图 1.31　将 STM32F103R6 加入库

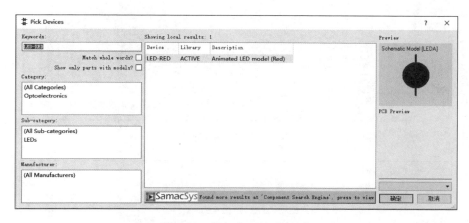

图 1.32　将红光 LED 加入库

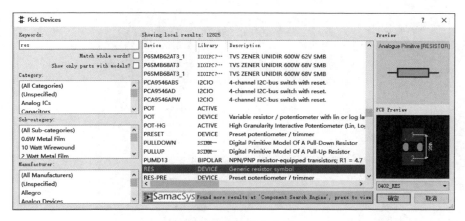

图 1.33　将电阻加入库

在 DEVICES 库中单击器件再单击画幅空白处即可放置器件，放置完毕，通过单击器件的引脚完成跳线，如果想对器件进行旋转、镜像等操作可右击器件找到相应的功能按钮。完成模拟电路的绘制，如图 1.34 所示。为了小灯能正常点亮，这里将电阻的阻值设置为100 Ω，电阻的模型类型设置为DIGITAL，如图1.35所示。

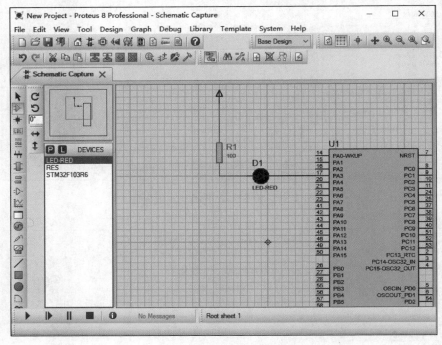

图 1.34 完成绘制①

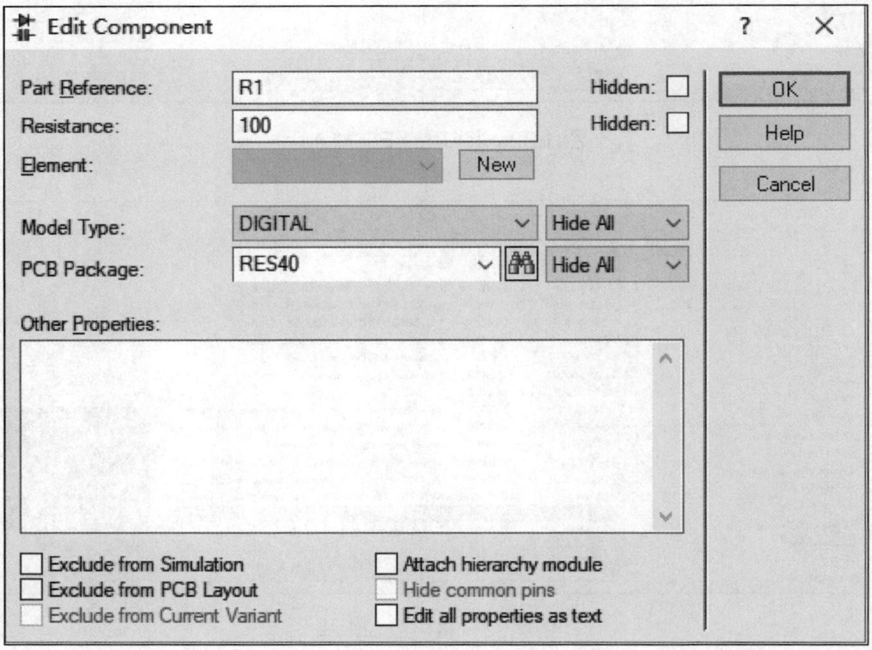

图 1.35 修改电阻阻值

最后需要把STM32的ADC电源接到电路电压源上。在菜单栏中选择Design→

---

① 仿真电路图中的图形符号与国家标准中符号不符，二者对照关系见附录 A。

Power Rail Configuration命令，将左侧的VDDA、VSSA添加到右侧方框中，并且把Voltage改为"3.3"，如图1.36所示，完成整个电路的绘制。

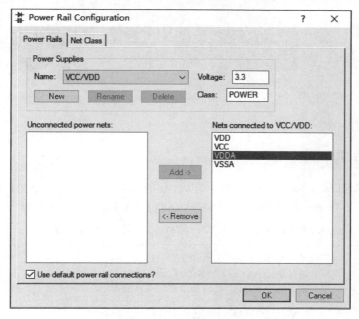

图 1.36　设置电源线

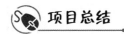

　　本项目完成了模拟仿真软件 Proteus 8 Professional 的安装和 STM32 驱动一个发光 LED 小灯的电路绘制，并训练对 Proteus 使用的基础操作。读者可将此电路保存，后续课程中会通过编程控制一个或者多个发光二极管的亮灭。

专题二　搭建 STM32 编译环境

 教学导航

本专题从STM32固件库与HAL库的认知引出STM32开发环境的建立，通过编写点亮一个LED小灯的C语言程序，对基于STM32芯片进行开发的流程有一个初步的认知，并且逐步熟悉Keil μVision5开发软件的优化和具体使用方法。

项目内容	建立 STM32 模拟仿真开发的项目模板 编写点亮一个 LED 小灯的 C 语言程序 建立基于 STM32 硬件开发板的项目模板
能力目标	能够建立 STM32 模拟仿真开发的项目模板 能够新建基于实际硬件的 STM32 开发项目
知识目标	了解 STM32 固件库 认识 STM32 HAL 库
重点和难点	重点：能够建立基于STM32模拟仿真开发的项目模板，掌握 Keil μVision5 基本使用方法 难点：建立基于 STM32 模拟仿真开发的项目模板
学时建议	6 学时
项目开发环境	Proteus 仿真软件、STM32 硬件开发板
电赛应用	在各类电子设计竞赛中，需要根据比赛规则对具体芯片型号进行学习和编程，同时也需要在 Keil μVision5 软件中针对不同的STM32芯片型号新建项目。例如，在蓝桥杯嵌入式赛项使用的 CT117E 开发板中，选用 STM32 的型号为 STM32F103RBT6 所以，仅会复制他人新建好的 STM32 芯片模板是没有意义的。只有掌握了 STM32 模板的新建方法，才会根据不同型号的芯片选择不同的设置，完成项目的前期准备工作

项目 2.1　跟着做：新建一个 STM32 项目模拟仿真模板

 项目分析

开发软件环境搭建完成并下载好官方固件库后，下一步任务就是编写代码。当然如果想更快地接触STM32实例，领略嵌入式开发的魅力，意法半导体官网也提供了丰富的例程供开发者学习使用。直接使用例程对于快速开发实现功能十分有利，但当自己需要学习时就会变得复杂。为了更好地解析学习STM32，脱离例程，建立工程模板是十分有必要的。初次建立出现错误很正常，通过查错的过程，可以清晰地了解项目的执行流程和各模块的定义及含义。

知识链接

一、STM32 标准固件库的认知

区别于传统单片机编程需要调用寄存器，意法半导体公司提供了官方固件库供开发者使用，这样大大提升了编程效率，降低寄存器学习的门槛。固件库就是函数的集合，固件库函数的作用是：向下负责与寄存器直接打交道，向上给用户提供函数调用的API（application programming interface，应用程序编程接口）。对于STM32这种级别的MCU，固件库将数百个寄存器底层操作都封装起来，提供一套API供用户使用。大多数情况下，用户不需要知道操作的是哪个寄存器，只需要知道调用哪些函数即可。

STM32F10x_StdPeriph_Lib_V3.5.0是意法半导体公司提供的STM32固件库，它是一个固件函数包，由程序、数据结构和宏组成，包括微控制器所有外设的性能特征。该函数库还包括每一个外设的驱动描述和应用实例，为开发者访问底层硬件提供了一个中间API，通过使用固件函数库，无须深入掌握底层硬件细节，开发者就可以轻松应用每一个外设。因此，使用固态函数库可以大大减少用户的程序编写时间，进而降低开发成本。每个外设驱动都由一组函数组成，这组函数覆盖了该外设所有功能。每个器件的开发都由一个通用API驱动，API对该驱动程序的结构、函数和参数名称都进行了标准化。可搜索文件名称直接下载，解压后如图2.1所示。

图 2.1　固件库文件结构

1. STM32F10x_StdPeriph_Lib_V3.5.0 文件结构

Libraries文件夹下面有CMSIS和STM32F10x_StdPeriph_Driver两个主要目录，这两个目录包含固件库核心的所有子文件夹和文件。其中CMSIS目录下面是启动文件，STM32F10x_StdPeriph_Driver放的是STM32固件库源码文件。源文件目录下inc目录存

放的是stm32f10x_xxx.h头文件，无须改动。src目录下放的是stm32f10x_xxx.c格式的固件库源码文件。每个.c文件和一个相应的.h文件对应。这里的文件也是固件库的核心文件，每个外设对应一组文件。Libraries文件夹中的文件在建立工程的时候都会使用到。

Project文件夹下面有两个文件夹。STM32F10x_StdPeriph_Examples文件夹下存放的是ST官方提供的固件实例源码，在以后的开发过程中，可以参考修改这个官方提供的实例快速驱动自己的外设，很多开发板的实例都参考了官方提供的例程源码，这些源码对以后的学习非常重要。

STM32F10x_StdPeriph_Template文件夹下面存放的是工程模板。Utilities文件下是官方评估板的一些对应源码，这个可以忽略不看。根目录中还有一个stm32f10x_stdperiph_lib_um.chm文件，这是一个固件库的帮助文档，这个文档非常有用，在开发过程中，这个文档会经常被使用到。

2. STM32F10x_StdPeriph_Lib_V3.5.0 主要文件简介

下面着重介绍Libraries目录下面几个重要的文件。core_cm3.c和core_cm3.h文件位于\Libraries\CMSIS\CM3\CoreSupport目录下，是CMSIS核心文件，提供进入M3内核接口，由ARM公司提供，对所有CM3内核的芯片都一样。和CoreSupport同一级还有一个DeviceSupport文件夹。DeviceSupport\ST\STM32F10xt文件夹下主要存放一些启动文件以及比较基础的寄存器定义以及中断向量定义的文件。

这个目录下面有三个文件：system_stm32f10x.c、system_stm32f10x.h以及stm32f10x.h文件。其中system_stm32f10x.c和对应头文件ystem_stm32f10x.h的功能是设置系统以及总线时钟，其中有一个非常重要的SystemInit()函数，在系统启动时会调用，用来设置系统的整个时钟系统。stm32f10x.h文件十分重要，STM32开发几乎时刻都要查看该文件相关的定义。打开该文件打开可以看到，其中有非常多的结构体以及宏定义。该文件中主要是系统寄存器定义声明以及包装内存操作，在项目实现环节会介绍stm32f10x.h的目标文件夹。在DeviceSupport\ST\STM32F10x同一级还有一个startup文件夹，该文件夹中放的文件顾名思义是启动文件。在\startup\arm目录下，可以看到8个startup开头的.s文件，如图2.2所示。

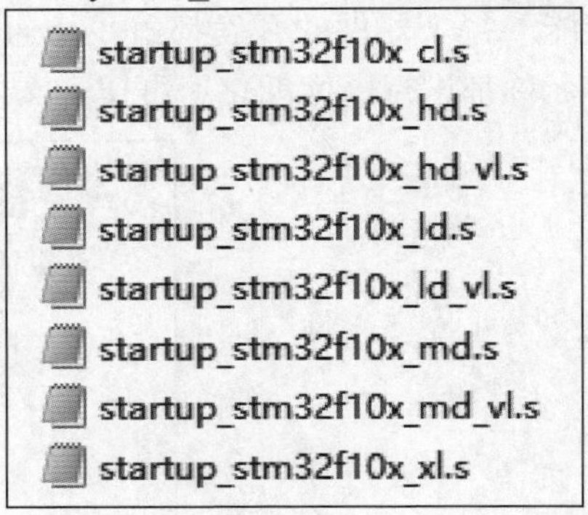

startup_stm32f10x_cl.s
startup_stm32f10x_hd.s
startup_stm32f10x_hd_vl.s
startup_stm32f10x_ld.s
startup_stm32f10x_ld_vl.s
startup_stm32f10x_md.s
startup_stm32f10x_md_vl.s
startup_stm32f10x_xl.s

图 2.2 启动文件

这里之所以有8个启动文件，是因为对于不同容量的芯片启动文件不一样。对于103系列，主要是用以下3个启动文件：

startup_stm32f10x_ld.s：适用于小容量产品。
startup_stm32f10x_md.s：适用于中等容量产品。
startup_stm32f10x_hd.s：适用于大容量产品。

二、认识 HAL 库

HAL（hardware abstraction layer，硬件抽象层）库是意法半导体公司为STM32的

MCU最新推出的抽象层嵌入式软件，为的是更方便地实现跨STM32产品的最大可移植性。HAL库推出的同时，加入了很多第三方中间件，有RTOS、USB、TCP/IP和图形等。

和固件库相比，STM32的HAL库更加抽象，意法半导体公司最终的目的是实现在STM32系列MCU之间无缝移植，甚至在其他MCU中也能实现快速移植。

从本质上讲，HAL库和固件库一样都是提供了每个外设的API，用户只需要填写好需要配置的参数即可。而且，HAL库在结构上和标准库基本类似，接口调用方式等都是一致的，只是名称不同，例如，之前标准库称为stm32f4xx_xx.c，现在HAL库称为stm32f4xx_hal_xx.c。

交流与思考	STM32 固件库和 HAL 库的选择
	意法半导体公司先后提供了两套固件库：标准库和 HAL 库，都非常强大。实际上，HAL 库和标准库本质上是一样的，都是提供底层硬件操作 API，而且在使用上也是大同小异。读者不需要纠结自己学的是 HAL 库还是标准库，无论使用哪种库，只要理解了 STM32 本质，任何库都是一种工具，使用起来都非常方便。学会了一种库，另外一种库也非常容易上手，程序开发思路转变也非常容易。 本书使用官方标准库，在 STM32 开发环境的选择上，对于初学者来说，官方标准库网上配套教程多，配合 Keil 使用上手门槛较低。对于有一定 STM32 开发经验的开发者来说，后期也可改为 Clion+stm32cubemx IDE，配置效率高并且支持 HAL 库。

项目实现

1. 准备工作

为了更好地使用Keil软件进行编程，可以在新建项目前就将项目文件、过程文件、目标文件、可执行文件等存储的文件夹建立好，Keil软件对这些不同功能的文件有着明确的存储位置要求，甚至文件夹的名称也有严格要求，不能随意堆放在任意一个文件夹中，这样很容易在编译过程中报错。所以在新建项目前需要做好准备工作。

（1）在建立工程之前，建议用户在计算机的某个目录下建立一个文件夹，后续建立的工程都可以放在这个文件夹下，这里建立一个名为Template的文件夹。此名称可根据个人意愿修改，建议文件夹名称和工程名称保持一致。

（2）打开Template文件夹，新建STM32F10x_FWLib、USER、CORE和OBJ四个文件夹。

①USER文件夹存储：a.用户编写的程序包括主函数main.c（需要提前用记事本新建空文本文件然后修改文件名main.c）、子函数等；b. stm32f10x_it.c和stm32f10x_it.h文件，stm32f10x_it.c是一个中断处理文件，stm32f10x指使用芯片的型号，须从官网或者搜索引擎自行下载原版文件；c. stm32f10x.h、system_stm32f10x.c、system_stm32f10x.h、stm32f10x_conf.h文件配置系统初始化和系统时钟，初学用户不需要进行修改，须从官网或者搜索引擎自行下载原版文件。

②STM32F10x_FWLib文件夹存储：意法半导体公司官方提供的库函数源代码文

件,STM32固件库是不断完善升级的,有不同的版本。现使用的是3.5版本的固件库,是目前最新版本。固件库中inc和src两个文件夹分别包含C文件和H文件,主要用于存放STM寄存器的定义及一些底层驱动函数,如stm32fx_gpio.c是处理引脚相关函数的文件,GPIO是gerneral-purpose input/output的缩写,stm32f10x_rcc.c是处理内部时钟相关函数文件,stm32f10x_usart.c是串口通信的相关函数文件。

USER文件夹和STM32F10x_FWLib文件夹如图2.3所示。

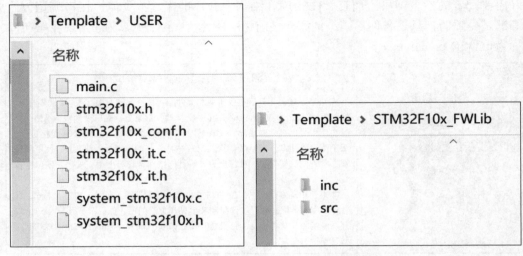

图 2.3 USER 和 STM32F10x_FWLib 文件夹

③CORE文件夹存储:核心文件core_cm3.c、core_cm3.h与启动文件。在固件库\STM32F10x_StdPeriph_Lib_V3.5\STM32F10x_StdPeriph_Lib_V3.5.0\Libraries\CMSIS\CM3\CoreSupport目录下复制核心文件。STM32采用的是ARM Coretex_M3架构,CORE文件夹包含一些内核相关的函数和宏定义,如核内寄存器定义、部分核内外设的地址等,这些都是非常底层的函数,上层函数可直接调用,用户不需要修改可直接使用。startup_stm32f10x_hd.c是STM32的启动文件,不同型号的芯片对应不同的启动文件,分别是:

```
startup_stm32f10x_ld.s
startup_stm32f10x_md.s
startup_stm32f10x_hd.s
```

其中,ld.s适用于小容量产品;md.s适用于中等容量产品;hd.s适用于大容量产品。这里的容量是指闪存(flash)的大小,判断方法如下:

小容量:flash≤32 KB

中容量:64 KB≤flash≤128 KB

大容量:flash≥256 KB

本书模拟仿真调试使用的芯片型号是STM32F103R6,它的闪存是32 KB,所以要使用startup_stm32f10x_ld.s启动文件,如图2.4所示。

④OBJ文件夹存放编译过程中的文件及hex文件。新建后的项目文件夹内容如图2.5所示。

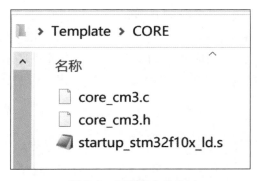

图 2.4　CORE 文件夹　　　　图 2.5　新建项目文件夹

2. 使用 Keil 建立项目

（1）在MDK的菜单中选择Project→New μVision Project命令，如图2.6所示。

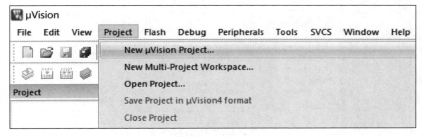

图 2.6　新建项目

（2）将目录定位到刚才建立的文件夹Template下的USER文件夹（代码工程文件都放在USER目录下，也可以新建其他名称目录），工程命名为Template，单击"保存"按钮，如图2.7所示。

图 2.7　编写项目名

（3）弹出Select Device for Target'Target 1'对话框，即选择芯片型号，如图2.8

所示。因为模拟仿真使用的STM32型号为STM32F103R6，所以在这里选择STMicroelectronics STM32F1 Series STM32F103R6（如果使用的是其他系列的芯片，就选择其他相应的型号，需要注意的是要安装相应芯片的支持包，本书使用Keil.STM32F1xx_DFP.1.0.5.pack，如果找不到相应的选项，请先关闭MDK，再下载对应安装包进行安装），单击OK按钮。

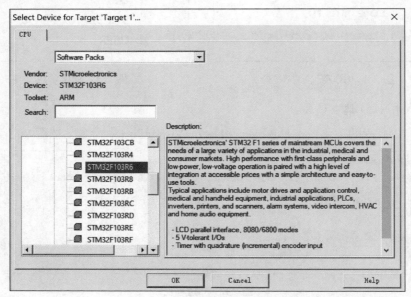

图 2.8　选择芯片型号

（4）弹出Manage Run-Time Environment对话框，如图2.9所示。

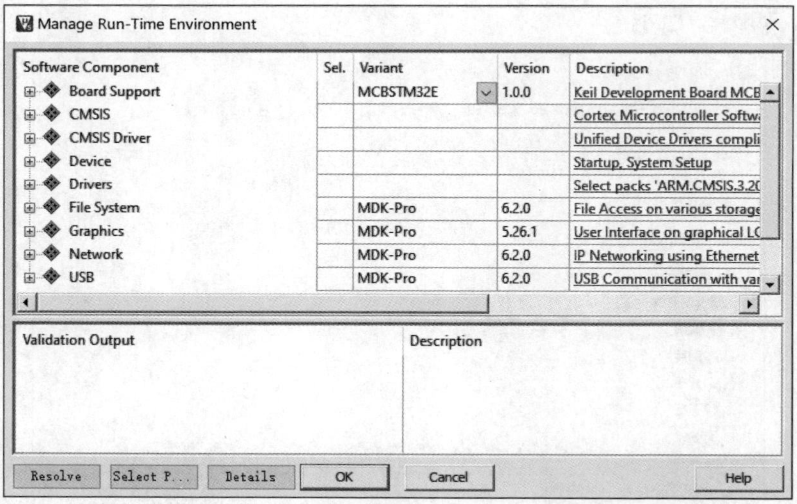

图 2.9　Manage Run-Time Environment 对话框

这是MDK5新增的一个功能，在该对话框中，用户可以添加自己需要的组件，从而方便地构建开发环境，在这里不做过多介绍。所以在图2.9所示对话框中，单击Cancel按钮，得到图2.10所示界面。

专题二　搭建STM32编译环境　33

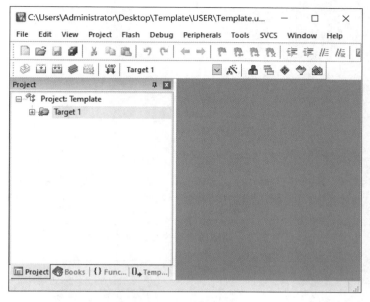

图 2.10　项目文件框架

到这里只是新建了一个框架，还需要在项目中添加启动代码及.c文件等。

（5）此时USER目录下新增两个文件夹和两个文件，如图2.11所示。

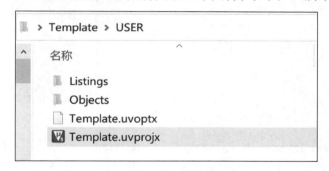

图 2.11　USER 文件夹

其中，Template.uvprojx 是工程文件，非常关键，不能轻易删除。Listings和Objects文件夹是MDK自动生成的文件夹，用于存放编译过程产生的中间文件。为了与MDK 5.1之前版本工程兼容，可以把两个文件夹删除，在下一步骤中新建一个OBJ文件夹，用来存放编译中间文件。

（6）在Template工程目录下，找到已经新建好的三个文件夹CORE、OBJ及STM32F10x_FWLib，如图2.5所示。CORE用来存放核心文件和启动文件，OBJ用来存放编译过程文件以及hex文件，STM32F10x_FWLib文件夹顾名思义用来存放意法半导体官方提供的库函数源码文件。已有的USER目录除了用来放工程文件外，还用来存放主函数文件main.c、system_stm32f10x.c等，如图2.12所示。

（7）通过前面的步骤，已经将需要的固件库相关文件复制到工程目录下，下面将这些文件加入工程中。右击Target1，在弹出的快捷菜单中选择Manage Project Items命令，如图2.13所示。

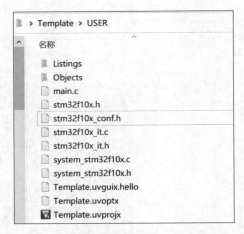

图 2.12　新建项目后的 USER 文件夹

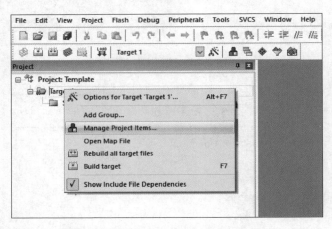

图 2.13　选择 Manage Project Items 命令

（8）在Project Targets栏中将Target名称修改为Template，然后在Groups栏中删除SourceGroup1，建立三个Groups：USER、CORE、FWLIB。然后单击OK按钮，可以看到Target名称以及Groups情况。

下面向Group中添加需要的文件。右击Tempate，在弹出的快捷菜单中选择Manage Project Itmes命令，然后选择需要添加文件的Group，这里第一步选择FWLIB，然后单击右边的Add Files，定位到刚才建立的目录STM32F10x_FWLib/src下，将其中所有文件选中，然后单击Add→Closer按钮。可以看到Files列表下包含刚才添加的文件。这里需要说明一下，编写代码时，不需要添加没有用到的外设的库文件。这里全部添加进来是为了后续操作更方便，不用每次添加，如图2.14所示，当然这样设置的缺点是工程太大，编译速度慢，用户可以自行选择。

（9）用同样的方法，将Groups定位到CORE和USER文件夹下，添加需要的文件。CORE文件下需要添加的文件为core_cm3.c和startup_stm32f10x_hd（注意，默认添加时文件扩展名为.c，也就是添加startup_stm32f10x_hd.s启动文件时，需要选择文件类型为All files才能看到该文件），USER目录下面需要添加的文件为main.c、stm32f10x_it.c和ystem_stm32f10x.c。这样需要的文件已经添加到工程中了，最后单击OK按钮，回到工程主界面，如图2.15~图2.17所示。

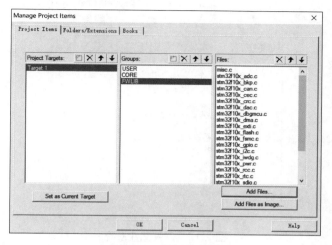

图 2.14　添加库文件

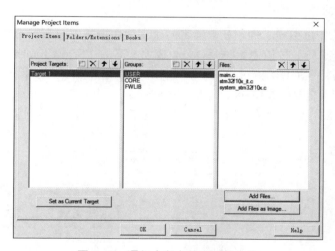

图 2.15　添加中断文件和系统文件

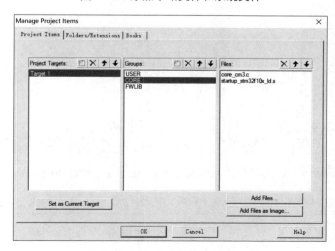

图 2.16　添加启动文件和内核文件

36　STM32 应用技术项目式教程

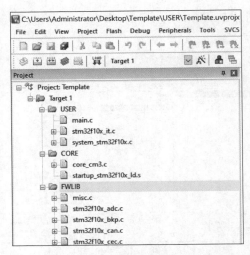

图 2.17　完整文件系统

3. 配置 Keil 编译选项

接下来的工作是编译工程，在编译之前首先选择编译中间文件编译后的存放目录。方法是单击"魔术棒"按钮，选择 Output 选项卡下的"Select folder for objects…"命令，选择目录为新建的 OBJ 目录。这里需要注意，如果不设置 Output 路径，那么默认的编译中间文件存放目录就是 MDK 自动生成的 Objects 目录和 Listings 目录。

单击"编译"按钮编译工程，出现很多报错，原因是找不到头文件，如图 2.18 所示。

图 2.18　编译报错

下面的步骤是要告诉 MDK，在哪些路径下搜索需要的头文件，即创建头文件目录。这里需要注意，对于任何一个工程，都应把工程中引用到的所有头文件的路径包含进来。返回工程主菜单，单击"魔术棒"按钮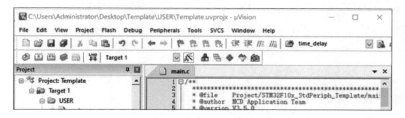（见图2.19），弹出Options for Target'Target 1'对话框（见图2.20），选择C/C++选项卡，单击Include Paths文本框右边的按钮。弹出Folder Setup对话框，将图2.21中的三个目录添加进去。需要注意，keil只会在一级目录查找，所以路径必须定位到最后一级子目录，单击OK按钮。

图 2.19　单击"魔术棒"按钮

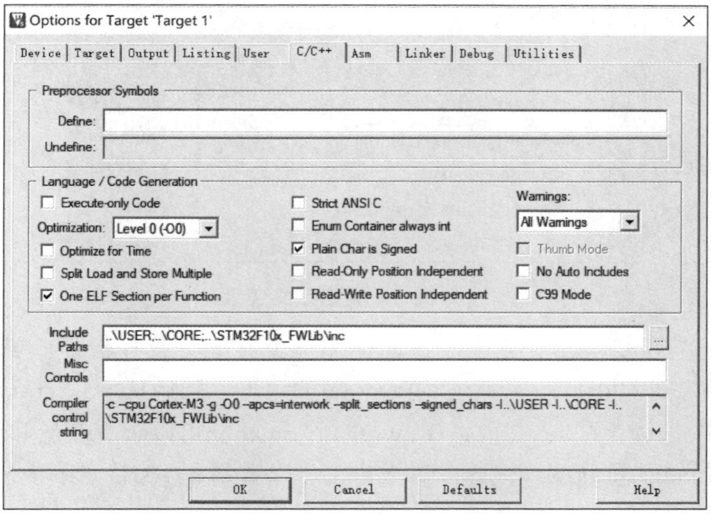

图 2.20　Options for Target'Target 1' 对话框

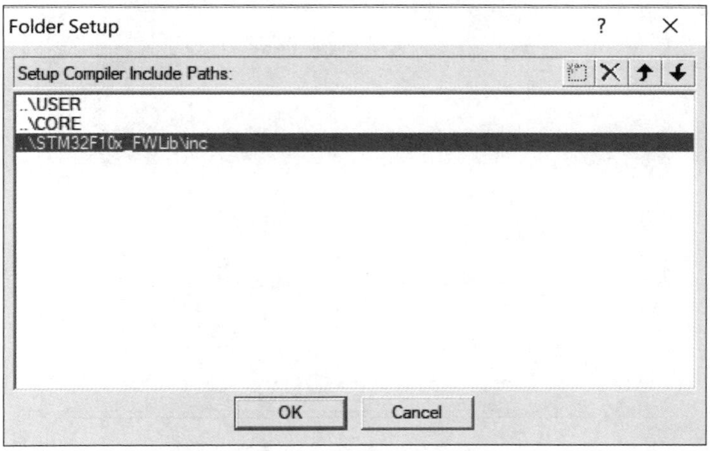

图 2.21　Folder Setup 对话框

单击"编译"按钮,依旧出现很多同样的错误。这是因为3.5版本的库函数在配置和选择外设的时候是通过宏定义选择的,所以需要配置一个全局的宏定义变量。进入图2.20所示界面,然后在Define文本框中填写"STM32F10X_LD,USE_STDPERIPH_DRIVER"(请注意,两个标识符中间是逗号,如果不能确定输入是否正确,可以搜索关键字,然后复制粘贴即可)。如果使用的是中容量,那么STM32F10X_HD修改为STM32F10X_MD,大容量则修改为STM32F10X_HD,然后单击OK按钮,如图2.22所示。

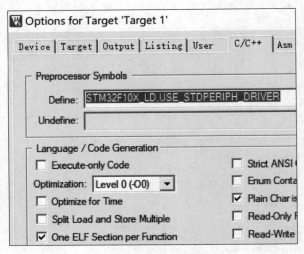

图2.22 配置宏定义变量

这样一个工程模板建立完毕。下面还需要继续配置,让编译之后能够生成hex文件。同样进入图2.20所示界面,选择Output选项卡,然后选中三个单选按钮。其中Create HEX file编译生成hex文件,Browser Information可以查看变量和函数定义。编写一个主函数main()重新编译代码没有报错,可以看到在OBJ目录下生成hex文件,如图2.23和图2.24所示。

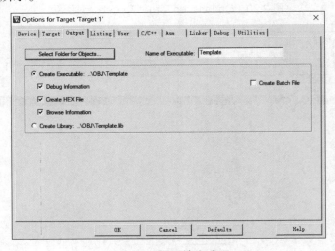

图2.23 配置输出选项

到这里，一个基于3.5版本固件库的工程模板就建立完毕了。在今后的项目中，可以直接复制该项目模板，项目名称可以修改，如果有进一步编写程序需求，也可以在项目根目录中新建文件夹，如SYSTEM等，可以存放如系统功能性函数sys、异步串行通信函数usart、延时函数delay等常用功能性函数，方便实训项目调用。需要注意的是调用的功能性函数也需要通过项目窗口中添加的方法将C文件添加到项目中，可将对应的目录加入到路径中。

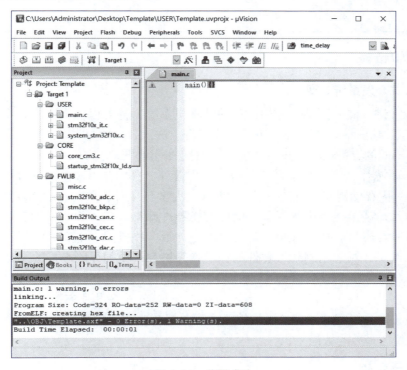

图2.24　编译成功

本项目完成了一个STM32项目模拟仿真模板的创建工作。在掌握创建方法后即使使用不同的开发芯片型号或者环境，创建项目的流程也基本保持不变。请保存项目模板，在后面的实际项目开发中可直接使用。

项目 2.2　我能做：新建一个基于开发板的 STM32 项目模板

如果用户手中有开发板，需要针对开发板具体型号的STM32新建一个开发环境，或是有STM32软硬件联合仿真调试的需求，则需要在项目2.1的新建过程中做一些其他设置。

交流与思考 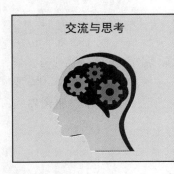	什么是软硬件联合仿真调试？
	Keil 本身支持模拟仿真功能，但和 Proteus 软件相比功能较为简单，效果并不直观。 对于开发板调试不方便的用户或者下载器不支持在线调试，可以采用 Keil 和 Proteus 软件联合仿真的调试方式，这种方式在 8 位单片机应用比较多。例如，在硬件焊接前先在 Proteus 软件上模拟仿真电路运行效果，或根据实际电路绘制出模拟仿真电路，在仿真电路测试完毕后再下载到实际开发板中观察效果，减少硬件的损耗。

知识链接

嵌入式开发系统类型

一般来讲，嵌入到某些专用设备的计算机系统，都可以称为嵌入式系统。典型的有小型工控机、单片机、arm linux、手机等。嵌入系统的分类方法很多，不同的分类方法有不同的分类结果。按照系统的结构复杂程度可以分为：

（1）单芯片系统。整个系统只有一个主芯片，如51单片机、arm和STM32系列等，包括片内存储器和外设。一般一个SOC芯片集成了计算单元、动态存储单元、数据存储单元，甚至连周边的复位、电压变换器件都集成在一起。这种芯片，简单易用，入门非常容易。从硬件角度讲，电路中加上一些电阻、电容、二极管，系统就能正常工作了，对于刚刚学习硬件的初学者来讲，调试的风险小。本书使用的单片机综合开发试验箱（STM32）就是由STM32控制芯片、外围电路和下载器组成。

（2）多芯片控制系统。对复杂应用来讲，只能使用多芯片方案或加入操作系统。典型的多芯片系统有：工控机、税控机、行业终端、数字电视机顶盒、网络下载机、路由器和绝大多数的智能手机。

项目实现

本书的硬件使用单片机综合开发试验箱（STM32），控制芯片为STM32F103ZET6。如果已经完成项目2.1，可进入图2.20所示界面选择Device选项卡，在左边型号窗口中重新选择实际开发板的STM32型号，本项目选择STM32F103ZE，如图2.25所示。

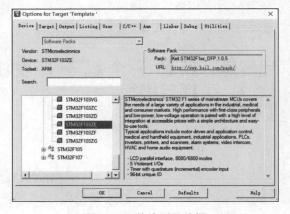

图 2.25　芯片型号选择

继续选择C/C++选项卡，在Define左侧的文本框中将STM32F10X_LD, USE_STDPERIPH_DRIVER修改为STM32F10X_HD, USE_STDPERIPH_DRIVER，即应用大核芯片的处理器变量，如图2.26所示。

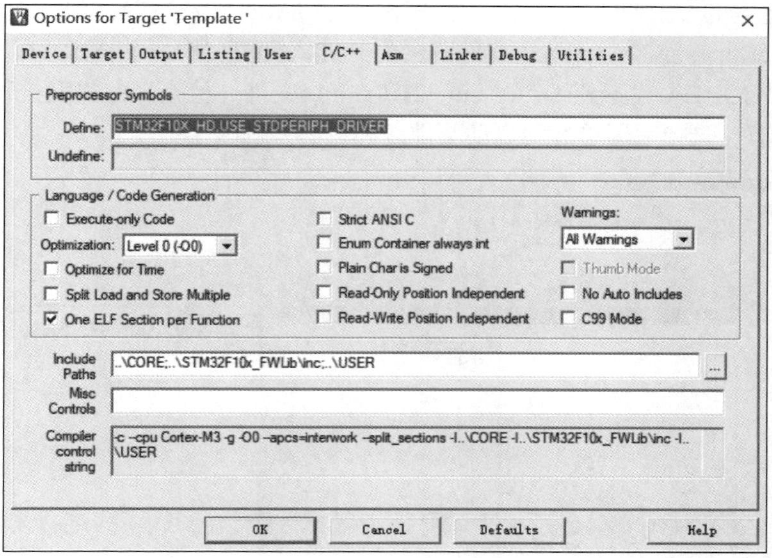

图 2.26 配置宏定义

继续选择Debug选项卡，在右上角USE下拉列表框中选择自己的下载器方式。本项目采用的是JTAG下载器，故选择J-LINK/J-TRACE Cortex，如图2.27所示。可根据自己的开发板下载方式选择相应选项。选择完毕后如果已经连接下载器并且开发板已供电，可以单击Settings按钮检查是否完成下载器的连接。完成以上设置后务必单击OK按钮进行生效。

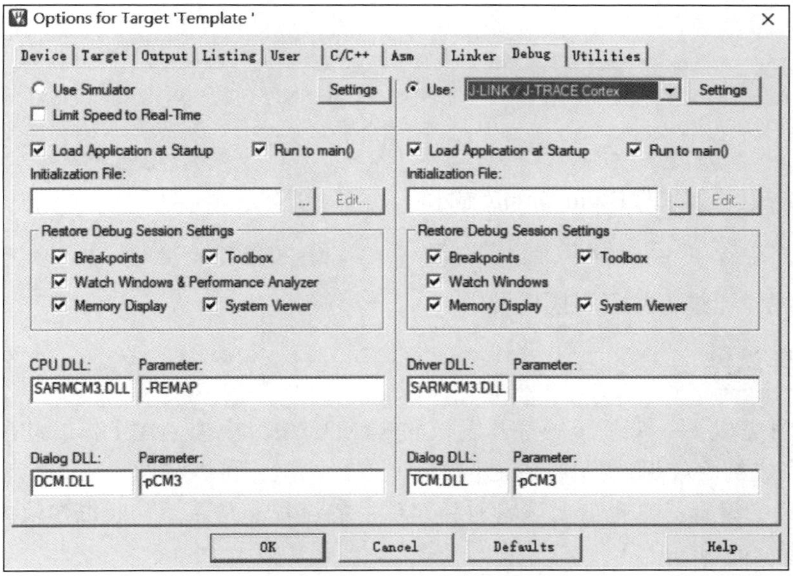

图 2.27 配置下载方式

下面修改STM32项目文件中CORE文件夹中的启动文件。右击项目文件窗口中的Template，在弹出的快捷菜单中选择Manage Project Items命令，弹出Manage Project Items对话框，在中间Groups窗口中选择CORE，单击Files中的startup_stm32f10x_ld.s，然后单击上方的×按钮将其删除。单击下方的"Add Files…"按钮，找到CORE文件夹下的startup_stm32f10x_hd.s文件双击将其加入到窗口中，如图2.28所示。在添加过程中如果CORE中找不到startup_stm32f10x_hd.s文件，检查文件类型是否选择了All files，若没有，选择后即可看到启动文件。

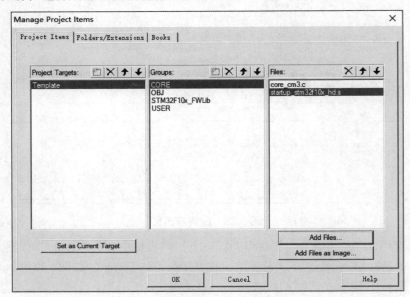

图 2.28 配置启动文件

这样一个基于硬件开发板的工程模板建立完毕。可在编程区输入以下代码并编译：

```
main()
{
}
```

编译结束后如果在Build Output显示：

```
"..\OBJ\Template.axf" - 0 Error(s),1 Warning(s).
```

表示编译通过，此工程模板可用。

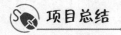 项目总结

本项目完成了一个基于硬件开发板的STM32项目模拟创建工作。此项目是基于项目2.1完成的。如果选择直接在开发板上进行调试，可以将两个项目结合起来，直接作出正确的设置。这也需要读者对新建项目的流程非常熟悉，所以建议大家多次操作达到熟练的效果。

项目 2.3　跟着做：编写点亮一个 LED 小灯的 C 语言程序

项目分析

为了尽快熟悉 Keil μVision5 开发软件，在模拟仿真项目模板 Template 的基础上，编写 C 语言程序，编译后查看 Keil μVision5 的 Build Output 显示是否报错。

知识链接

Keil μVision5 的 C 语言编程规范

当一个嵌入式开发项目需要多人合作编写时，共同的风格、方式就变得尤为重要，代码配合的效率也会提高。编写优质嵌入式 C 程序绝非易事，它与设计者的思维和经验积累关系密切，所以作为初学者严格遵守 Keil μVision5 的 C 语言编程规范，并以此为标准养成习惯，在今后的项目实战中才能更好地写出效率高、易读懂、易修改的优质代码。

小提示	规范编程的意义
	"非优秀的程序员常常把空间和时间消耗殆尽，优秀的程序员则总是有足够的空间和时间去完成编程任务，而且配合近乎完美。"优质的 C 语言程序提高源程序的质量和可维护性。一份编写规范的代码会让人赏心悦目，养成良好的代码编写习惯是每一个程序员应该具备的基本素养。

1. 空格与空行

空格是横向的艺术，空行是竖向的艺术。
- 关键字 if、while、for 与后面的括号不加空格，如 while（1），单括号内的表达式与括号不加空格。
- 双目运算符两侧加空格，单目运算符不加。例如：

```
i = i+1;    ++i;
```

- 有些终端宽度是 80 列显示，所以为了兼容，一般列数超过 80 列需要换行。
- 函数之间、全局变量、头文件引用等逻辑段落之间，加空行。
- switch 与语句块 case、default 对齐。
- 大括号{}单独成行。
- 函数里面如果代码较长，应该分组，并加空行。

2. 注释

单行注释用//，多行注释用/**/
- 整个源文件的顶部注释。
- 函数注释包括函数的功能、参数、返回值、错误码，写在函数的上方，不留空行。
- 语句组的注释。

- 单行右侧注释。
- 复杂结构，宏定义的注释。

3. 函数
- 函数应尽量简单，越简单越容易维护。
- 一个函数只做一件事情。
- 函数的内部缩进不要过多，最多不要超过4层。
- 函数的局部变量超过10个应考虑分割。
- 函数不要写得太长，超过50行时应考虑分割。
- 函数名应该包括动词，一般函数都是标识一个动作。例如：

```
get_name
insert_row
```

4. 标识符命名
- 标识符应当直观且简洁，可望文知意，不必进行"解码"。变量函数和类型用全小写加下划线的方式命名。常量用全大写或大小写组合加下划线命名。例如：标识符最好采用英文单词或其组合，便于记忆和阅读。切忌使用汉语拼音命名。程序中的英文单词一般不会太复杂，用词应当准确。不要把Current_Value写成Now_Value。
- 标识符的长度应当符合min-length&&max-information原则，单词最长不超过5个。
- 命名格式尽量与所采用的开发工具的风格一致。例如，程序中的标识符通常采用大小写混排并加下划线的格式，如Add_Child。一个单词的可以小写，如value。

5. 全局变量的书写规范
- 在不必要的情况下避免使用全局变量。
- 全局变量如果只是在同一文件中调用，就用static限定其作用域（非必要）。
- 全局变量如果作用于多个文件，定义写在xx.c文件中，声明写在对应的xx.h文件中，并且用extern关键字声明。

6. 主循环或中断中延时和嵌套的处理
- 主循环或中断中，非必要情况下避免使用delay()函数进行延时。主循环中的延时评估可以使用定时器的定时功能替代。
- 在多重循环逻辑中，应将最忙的循环放在最内层。例如：

```
for (row = 0; row < 100; row++)
{
    for (col = 0; col < 5; col++)
    {
        sum += a[row][col];
    }
}
```

应该改为

```
for (col = 0; col < 5; col++)
{
    for (row = 0; row < 100; row++)
    {
        sum += a[row][col];
    }
}
```

- 避免循环体中包含判断语句，如果确实需要，考虑是否可以把判断语句放在循环体外。
- 尽量使用乘法、位与其他方法替代除法。
- 非特殊情况，不同类型的中断设置不同的抢占优先级。

7. 函数的使用

- 函数的传递参数不超过5个。
- 对于不需要数值回传的情况，使用值传递的方式。
- 函数优先使用返回值，而不是输出函数。
- 使用强类型参数，避免使用void*。

项目实现

1. Keil μVision 5 的优化设置

安装Keil软件后，建议优化以下设置，可大大提高编程效率，减少代码的错误率。

（1）让代码中的中文正确显示。默认安装设定下，Keil显示中文是乱码，在菜单栏中选择Edit→Configuration命令，在弹出的对话框中选择Editor选项卡，在Encoding下拉列表框中选择Chinese GB2312（Simplified）命令，如图2.29所示。

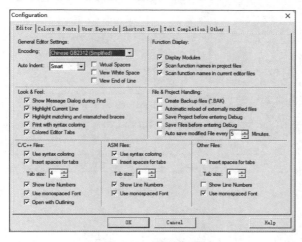

图 2.29 配置字体

（2）让Keil提示标识符名和函数名。在STM32标准库函数中，有的函数名、结构体类型名很长容易输入错误。可以让Keil在输入名称的前几个字母后提示出完整名称供用户选择。在菜单栏中选择Edit→Configuration命令，在弹出的对话框中选择Text Completion选项卡，选中Symbols after 3 Characters复选框。这里的3是指在输入3个字母后提示，如图2.30所示。

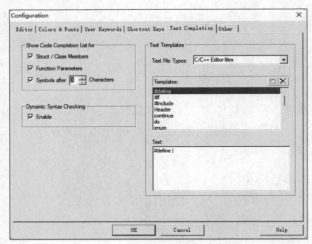

图2.30　配置变量名补全

（3）增加对C99特性的支持。ANSI的标准确立后，C语言的规范在一段时间内没有大的变动，然而C++在自己的标准化创建过程中继续发展壮大。1999年，C语言标准ISO 9899：1999发表，通常称为C99。C99被ANSI于2000年3月采用。C99规范减少了一些编译器可能出现的报错。在工程主菜单中单击Options for Target（魔术棒）按钮，在弹出的对话框中选择C/C++选项卡，选中C99 Mode复选框，如图2.31所示。

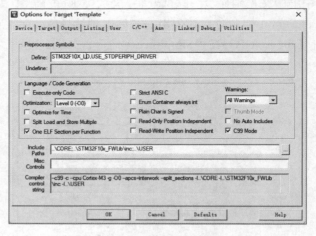

图2.31　支持C99特性

2. 编写代码

将以下程序输入Keil代码区，编译后不能出现Error（s），通过后可在项目文件夹OBJ中找到可执行文件Template.hex。

```c
#include "stm32f10x.h"
int main(void)
{
    GPIO_InitTypeDef  GPIO_InitStructure;
    RCC_APB2PeriphClockCmd(RCC_APB2Periph_GPIOA,ENABLE);
                                                //使能GPIOA时钟
    GPIO_InitStructure.GPIO_Pin = GPIO_Pin_3;       //选择PA3
    GPIO_InitStructure.GPIO_Mode = GPIO_Mode_Out_PP;
                                                //选择工作模式
    GPIO_InitStructure.GPIO_Speed = GPIO_Speed_50MHz;
                                                //选择GPIO最高速度
    GPIO_Init(GPIOA,&GPIO_InitStructure);   //初始化GPIOA端口
    while(1)
    {
        GPIO_ResetBits(GPIOA,GPIO_Pin_3);           //PA3口输出低电平

    }
}
```

项目总结

本项目首先对 Keil 软件进行了优化设置，然后编写点亮一个 LED 小灯的 C 语言程序。在编程时要认真并且规范。程序的模拟仿真效果将在下一专题为大家演示。

专题三　STM32 I/O 接口设计

 教学导航

本专题引入STM32 I/O接口设计和编程方法，进一步训练Keil μVision5软件的使用和编程方法。通过配置I/O库函数，控制一个或多个LED小灯，模拟汽车日行灯、双闪灯、迎宾灯的点亮效果，训练对STM32 I/O接口设计的编程、运行和调试。

项目内容	点亮一个 LED 小灯的模拟仿真 汽车 LED 日行灯的模拟仿真 汽车 LED 双闪灯的模拟仿真 汽车迎宾灯（流水灯）的模拟仿真 汽车转向灯的模拟仿真
能力目标	能够利用 GPIO 的库函数编程，控制 STM32 芯片的 GPIO 端口输出高低电平 能够利用 GPIO 的库函数编程，控制 STM32 芯片读取按键的电平变化 会设计硬件电路控制 LED 小灯与按键
知识目标	了解使用库函数配置 STM32 的 GPIO 输入/输出模式的方法 能够使用库函数控制 GPIO 端口的输出 能够利用 STM32 的 GPIO 端口，实现 LED 小灯不同点亮方式的控制
重点和难点	重点：会利用 STM32 的 GPIO 端口，实现 LED 小灯不同点亮方式的控制 难点：使用库函数控制 GPIO 端口的输出或输入
学时建议	12 学时
项目开发环境	Proteus 仿真软件、STM32 硬件开发板
电赛应用	在各类电子设计竞赛中，I/O 接口设计和编程是实现复杂功能的基础，近几年随着光电技术的发展，一些比赛将直接控制 LED 小灯作为主要考点。如 2021 年全国大学生电子设计竞赛试题"照度稳定可调 LED 台灯"，要求设计并制作一个照度稳定可调的 LED 台灯和一个数字显示照度表，通过调整 LED 小灯的输入直流电压的大小调整亮度。以及 2015 年全国大学生电子设计竞赛试题"LED 闪光灯电源"，都考查了 LED 小灯控制方式的应用

项目 3.1　跟着做：点亮一个 LED 小灯的模拟仿真

 项目分析

完成"项目2.3 跟着做：编写点亮一个LED小灯的C语言程序"，可将hex可执行文件导入"项目1.3 跟着做：用Proteus 8 Professional软件绘制简单电路"中，观察运行效果。

 **知识链接**

STM32F103 通用输入/输出端口 GPIO 的认知

通用目的输入/输出（general-purpose input/output, GPIO）端口，是嵌入式控制器中简单常用的外设，由于资源有限，其他外设往往要与GPIO端口复用芯片的引脚。STM32F103ZET6微控制器（以下简称STM32）的GPIO端口资源数量比较丰富，根据芯片封装的不同，最多拥有GPIOA，GPIOB，…，GPIOG等7组端口，每组GPIO端口最多拥有Pin0~Pin15共16个引脚（STM32F103R6是四组共51个）。根据连接对象的不同，GPIO端口的每一个引脚都可以独立设置成不同的工作模式。STM32F103ZET6的LQFP144封装实际引脚图如图3.1所示。

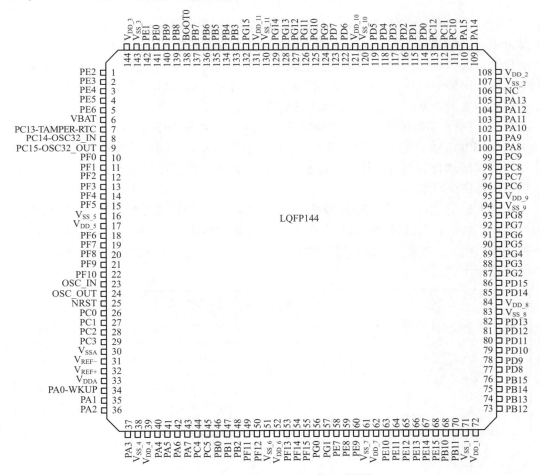

图 3.1　STM32F103ZET6 实际引脚图

图3.2所示为STM32微控制器GPIO端口的引脚内部图，在涉及GPIO的编程中，实际上就是对框图中的寄存器进行读写操作，并通过寄存器控制相关电路。

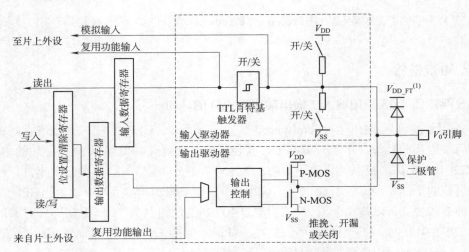

图 3.2　GPIO 端口的引脚内部图

GPIO引脚处的两个保护二极管分别接电源电压和电源地电压,当外部电路由于某种原因产生浪涌电压并被导入GPIO引脚时,如果浪涌电压高于电源电压V_{DD},上面的保护二极管导通,浪涌电压通过电源电路被滤波电容吸收并释放;当导入的浪涌电压低于电源地电压V_{SS}时,下面的保护二极管导通,浪涌电压同样被滤波电容吸收并释放,从而避免浪涌电压对芯片内部电路造成损害。

图3.2中上部的虚线框是GPIO端口的输入部分,通过程序可以控制图中的电子开关,使GPIO工作在输入上拉、输入下拉或浮空输入模式,输入信号根据工作模式的不同可以经过肖特基施密特触发器整形后,送到输入数据寄存器或复用输入,也可以直接送到模拟输入。

图3.2中下部的虚线框是GPIO端口的输出部分,其数据来源可以是输出数据寄存器或复用输出。通过程序可以控制图中上下两个MOS管同时工作,此时GPIO工作在推挽输出模式;或者让上面的MOS管截止,只控制下面的MOS管,此时GPIO工作在开漏输出模式。

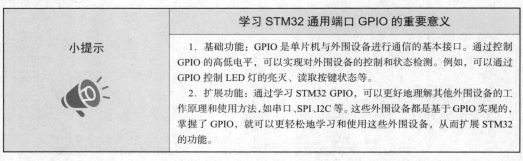

项目实现

打开"项目1.3跟着做:用Proteus 8 Professional软件绘制简单电路"绘制完毕的电路原理图。双击STM32F103R6芯片,弹出Edit Component对话框,如图3.3所示。

单击Program File右侧的打开文件按钮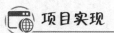,在弹出的Select File Name对话框中找

到"项目2.3 跟着做：编写点亮一个LED小灯的C语言程序"的项目文件夹，在OBJ文件夹中找到Template.hex文件，如图3.4所示，双击加载到芯片中，然后单击OK按钮。

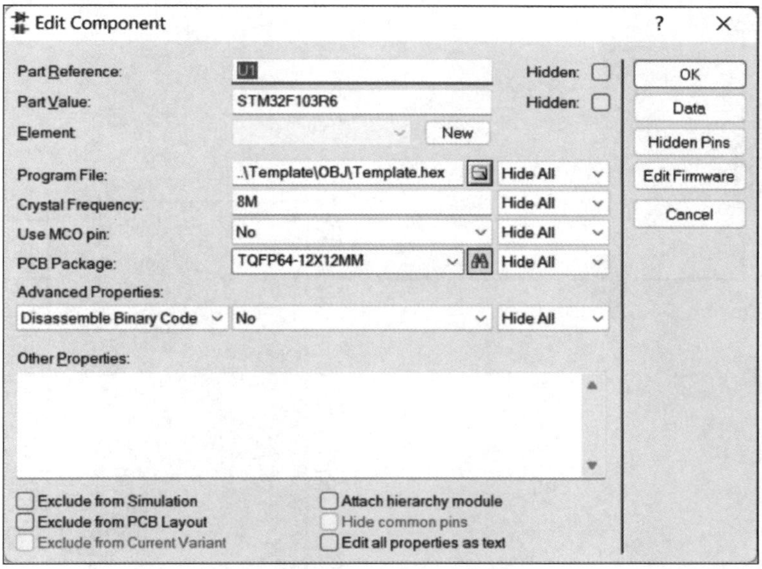

图 3.3　Edit Component 对话框

图 3.4　Select File Name 对话框

在Proteus主界面的右下角有四个按钮，如图3.5所示，分别表示全速运行、单步运行、暂停和停止，单击"全速运行"按钮▶开始模拟仿真。

图 3.5　仿真控制按钮

运行后可以看到小灯被点亮了，仿真结果如图3.6所示。同时，在Proteus底部会出现计时窗口，需要注意的是在理想情况下这个计时器和实际时间应该是一致的。由于计算机配置不同，并且Proteus对STM32模拟仿真并不是完美支持，可能存在仿真时间慢于实际时间的情况。观察完毕仿真效果单击停止按钮■，结束仿真。

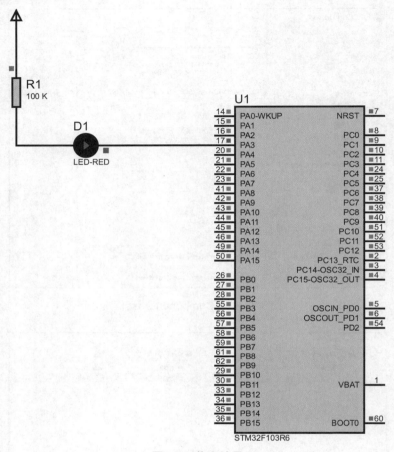

图 3.6　仿真结果

项目总结

本项目结合前面绘制的单个LED小灯电路图和点亮一个小灯的程序完成了单个LED小灯点亮的模拟仿真。如果小灯没有点亮请检查"项目2.3 跟着做：编写点亮一个LED小灯的C语言程序"中的程序是否有错误。完成后建议保留本项目中的电路图和程序，本专题后续项目都可以以本项目为模板进行修改。

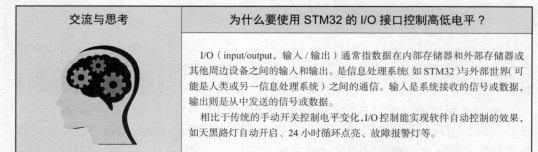

项目 3.2 　我能做：汽车 LED 日行灯的模拟仿真

 项目分析

汽车日行灯造型多样，功能上除了美观以外可让其他车辆在白天行驶时，更容易看到自身的位置，降低交通事故的发生率。本项目模拟仿真某汽车品牌的"四灯"效果（见图3.7），实现多个LED常亮。

 知识链接

图 3.7　汽车日行灯

GPIO 工作模式认知

STM32微控制器GPIO端口的每一个引脚都可以根据作用对象的不同，独立地配置成8种不同的工作模式，GPIO端口的工作模式及其典型应用场景见表3-1。

表 3-1　GPIO 端口的工作模式及其典型应用场景

工作模式		典型应用场景
输入	浮空输入	串行通信的信号接收
	上拉输入	按键输入
	下拉输入	按键输入
	模拟输入	A/D 转换的模拟信号
输出	推挽输出	LED 驱动
	开漏输出	输出电平转换
	复用推挽输出	串行通信的信号发送
	复用开漏输出	复用输出的电平转换

上拉输入模式的典型应用场景之一为传统微处理器按键输入电路，其原理图如图3.8所示，为了保证在按键按下后微处理器能够检测到一个确定的电平变化，在按键下端接地的情况下，上端应接入一个连接到电源电压V_{DD}的上拉电阻。

STM32微处理器的GPIO内部电路结构中（见图3.9），输入端有两个电阻，分别通过两个电子开关连接到电源电压V_{DD}和电源地电压V_{SS}。在按键下端接地的情况下，可以通过程序配置让GPIO工作在上拉输入模式，此时连接电源电压V_{DD}的电子开关S1关闭，连接电源地电压V_{SS}的电子开关S2开启，相当于在芯片

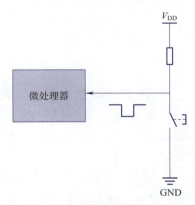

图 3.8　传统微处理器按键输入电路原理图

GPIO内部连接了一个上拉电阻，这样可以保证在按键按下后微处理器能够检测到一个明确的电平变化。

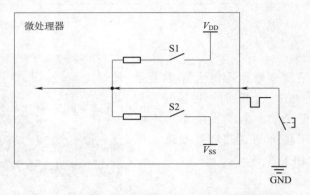

图 3.9　STM32 微处理器的 GPIO 内部电路结构

GPIO的上拉输入模式可以减少芯片外置的上拉电阻数量，在一定程度上降低元器件成本并减少元器件占用印制电路板（PCB）的空间，并提高产品的可靠性。GPIO的下拉输出模式也有类似的效果。

GPIO推挽输出模式的典型应用场景原理图如图3.10所示。该电路通过输出逻辑控制上方接电源电压V_{DD}的场效应管导通，同时控制下方接电源地电压V_{SS}的场效应管截止，从而将外部连接的LED灯点亮；反之通过输出逻辑控制上方接电源电压V_{SS}的场效应管截止，同时控制下方接电源地电压的场效应管导通，从而使外部连接的LED灯熄灭。

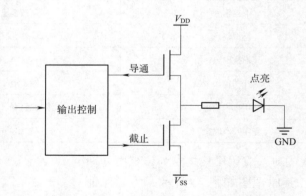

图 3.10　GPIO 推挽输出典型应用场景原理图

GPIO开漏输出模式的典型应用场景原理图如图3.11所示。在这种工作模式下，通过输出逻辑控制将上方接电源电压V_{DD}的场效应管截止，只控制下方接电源地电压V_{SS}的场效应管，就好像下方场效应管的漏极处于悬空状态，故称为开漏输出。

这种工作模式能够方便地应用于STM32驱动不同电压等级的器件，只需要在输出端接入一个电阻并上拉至后级相应的V_{CC}电压即可。

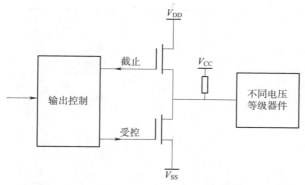

图 3.11 GPIO 开漏输出典型应用场景原理图

一、原理图

根据汽车日行灯的造型特点绘制仿真电路原理图如图3.12所示。

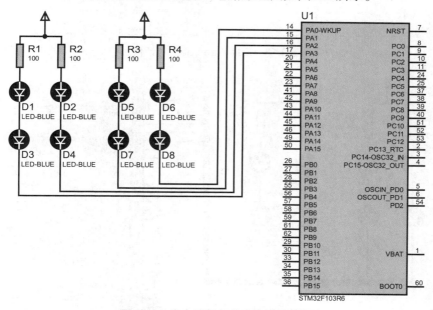

图 3.12 汽车日行灯仿真电路原理图

这里介绍两个当图中走线较多时比较常用的绘图方法。

1. 总线绘图

先放置器件，器件之间可直接单击端子进行单独跳线，当遇到多个并行线时可用总线替代。在左侧工具栏中单击Buses Mode按钮在画幅合适的位置单击可绘制总线起点，可以看到总线比正常跳线要粗一些。再次单击可旋转90°，在总线终点位置双击结束绘制。此时其他分线可向总线跳线，单击端子跳线到总线上，同一根线要标记相同的线标，方法是单击左侧工具栏中的Wire Lable Mode按钮，再把光标放到需要标记线标的线上，光标变为十字形状时，单击，弹出Edit Wire Label对话框，在String下拉列表框中选择线标名称，如图3.13所示。绘制完毕如图3.14所示。

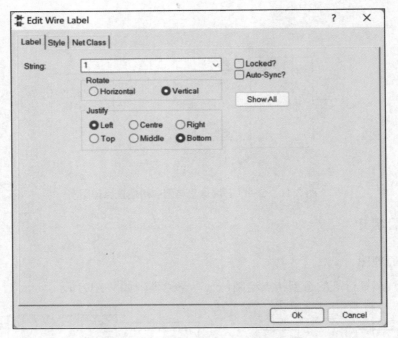

图 3.13 Edit Wire Label 对话框

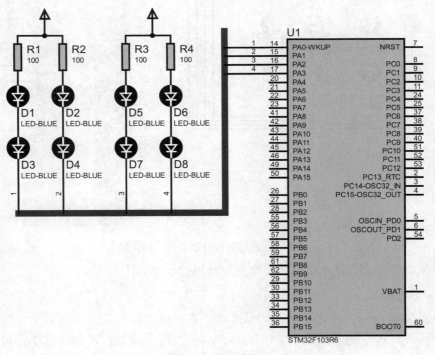

图 3.14 总线绘图

2. 端子绘图

先放置器件,将器件和STM32芯片连接的排线用端子替代。单击左侧工具栏中的Terminals Mode按钮,将端子放置到合适的位置,放置后双击端子,弹出Edit

Terminal Label对话框，在String下拉列表框中选择端子号，如图3.15所示，同一根线上的端子号要一致。绘制完毕如图3.16所示。

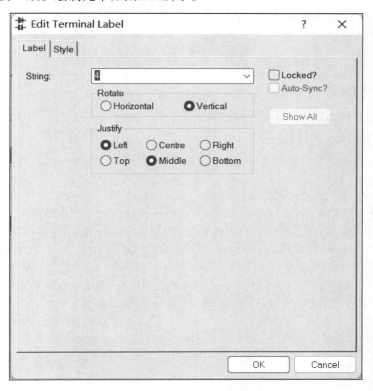

图 3.15　Edit Terminal Label 对话框

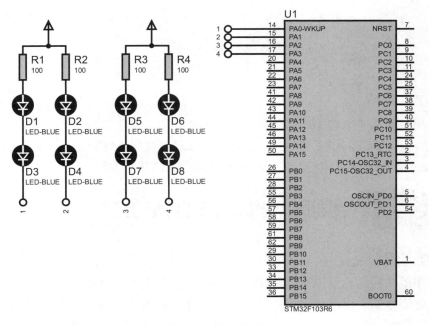

图 3.16　端子绘图

小提示	**Proteus 总线和端子绘图的意义**
	在画数字电路时，需要对大量导线类型相同的数据和地址进行连线，这时就需要使用总线和端子以简化电路图的连线。 在复杂的电路图中使用总线或端子可以清晰快速地理解多连线元件间的关系。即使是自己设计绘制的电路图，时间间隔较长也会忘记，或者在读别人的电路图时也能够因为总线的使用而加快理解速度。

二、参考程序

汽车LED日行灯仿真的参考程序如下：

```c
#include "stm32f10x.h"
int main(void)
{
    GPIO_InitTypeDef  GPIO_InitStructure;
    RCC_APB2PeriphClockCmd(RCC_APB2Periph_GPIOA,ENABLE);
                                            //使能GPIOA时钟
    GPIO_InitStructure.GPIO_Pin = GPIO_Pin_0|GPIO_Pin_1|GPIO_Pin_2|
                                                        GPIO_Pin_3;
                                            //选择PA0~PA3端口
    GPIO_InitStructure.GPIO_Mode = GPIO_Mode_Out_PP;
                                            //选择工作模式
    GPIO_InitStructure.GPIO_Speed = GPIO_Speed_50MHz;
                                            //选择GPIO最高速度
    GPIO_Init(GPIOA,&GPIO_InitStructure);//初始化GPIOA端口
    while(1)
    {
        GPIO_ResetBits(GPIOA,GPIO_Pin_0|GPIO_Pin_1|GPIO_Pin_2|GPIO_Pin_3);
                                            //PA0~PA3端口输出低电平
    }
}
```

项目总结

本项目完成多个LED小灯同时点亮的模拟仿真，训练了Proteus绘图的其他跳线方式，初步认知GPIO的工作模式。下面介绍如果想控制小灯的亮灭需要调用的RCC_APB2PeriphClockCmd()和GPIO_Init()初始化函数及其使用方法。

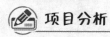

项目3.3　我能做：汽车 LED 双闪灯的模拟仿真

项目分析

汽车的双闪又称危险报警闪光灯，是在紧急情况下提示来往车辆注意减速慢行或停车的信号灯。当汽车出现特殊状况、遭遇恶劣天气或特种车辆执勤时，都会打开双闪灯警示其他人不要靠近。本项目目标是实现闪烁时间可调的汽车LED双闪灯的模拟仿真。

 知识链接

一、使用 GPIO 标准外设库函数 RCC_APB2PeriphClockCmd() 初始化 I/O 接口

专题二中介绍了 STM32 官方库中 STM32F10x_FWLib 文件夹包含标准外设库的各类函数，其中 stm32f10x_gpio.c 包含和 GPIO 相关的配置函数，在调用这些函数时需要了解它们的功能、参数，建议在熟练掌握 STM32 硬件配置方法后再具体分析函数代码。RCC_APB2PeriphClockCmd() 函数的名称和作用见表 3-2。

表 3-2　RCC_APB2PeriphClockCmd() 函数简介

函数名称	RCC_APB2PeriphClockCmd()	函数作用	控制 GPIO 时钟
函数示例	RCC_APB2PeriphClockCmd（RCC_APB2Periph_GPIOD, ENABLE）;		

RCC_APB2PeriphClockCmd() 函数用来开启或关闭 APB2 外设时钟，它的定时代码如下：

```
void RCC_APB2PeriphClockCmd(uint32_t RCC_APB2Periph,FunctionalState
                    NewState)
{
    /* Check the parameters */
    assert_param(IS_RCC_APB2_PERIPH(RCC_APB2Periph));
    assert_param(IS_FUNCTIONAL_STATE(NewState));
    if (NewState != DISABLE)
    {
        RCC->APB2ENR |= RCC_APB2Periph;
    }
        else
    {
        RCC->APB2ENR &= ~RCC_APB2Periph;
    }
}
```

上述函数体的说明可以通过在 Keil 软件中右击函数名，在弹出的快捷菜单中选择 Go To Definition Of 'RCC_APB2PeriphClockCmd' 命令进行查看。第一个参数为选择 APB2 总线上的通道，如 A/D、I/O、高级 TIM、串口 1，第二个参数则为 ENABLE（使能）或 DISABLE（失能）。

二、使用 GPIO 标准外设库函数 GPIO_Init() 初始化 I/O 接口

GPIO_Init() 函数的名称和作用见表 3-3。

表 3-3　GPIO_Init() 函数简介

函数名称	GPIO_Init()	函数作用	GPIO 初始化
函数示例	GPIO_Init（GPIOA, &GPIO_InitStructure）;		

以下面一段程序为例：

```
GPIO_InitTypeDef GPIO_InitStructure;
RCC_APB2PeriphClockCmd(RCC_APB2Periph_GPIOB,ENABLE);
GPIO_InitStructure.GPIO_Pin = GPIO_Pin_5;
GPIO_InitStructure.GPIO_Mode = GPIO_Mode_Out_PP;
GPIO_InitStructure.GPIO_Speed = GPIO_Speed_50MHz;
GPIO_Init(GPIOB,&GPIO_InitStructure);
```

定义一个GPIO_InitTypeDef数据类型的结构体，类型名称为GPIO_InitStructure，GPIO_InitTypeDef结构体定义如下：

```
typedef struct
{
    uint16_t GPIO_Pin;                    //指定要配置的GPIO引脚
    GPIOSpeed_TypeDef GPIO_Speed;         //指定引脚速率
    GPIOMode_TypeDef GPIO_Mode;           //指定引脚工作模式
}GPIO_InitTypeDef;
```

第一个成员GPIO_Pin是一个无符号16位整型数据，配置选择的I/O接口编号。如GPIO_Pin_5就是配置编号为5的I/O接口（编号从0开始）。

第二个成员GPIO_Speed是一个枚举型数据，枚举型是一个集合，第一个成员如果没有取值就默认取值为1，后续成员没有取值就默认取值为前一成员值+1，比如上面GPIO_Speed_2MHz的值为2，GPIO_Speed_50MHz的值为3。配置I/O接口最高速度的代码如下：

```
GPIOSpeed_TypeDef GPIO_Speed;            //成员2
//###下面是其类型定义###
typedef enum
{
    GPIO_Speed_10MHz = 1,
    GPIO_Speed_2MHz,
    GPIO_Speed_50MHz
}
GPIOSpeed_TypeDef;
```

第三个成员是工作模式GPIO_Mode，它的类型是GPIOMode_TypeDef，也是一个枚举型数据。

```
GPIOMode_TypeDef GPIO_Mode;              //成员3
//###下面是其类型定义###
typedef enum
{
    GPIO_Mode_AIN = 0x0,
    GPIO_Mode_IN_FLOATING = 0x04,
    GPIO_Mode_IPD = 0x28,
    GPIO_Mode_IPU = 0x48,
```

```
    GPIO_Mode_Out_OD = 0x14,
    GPIO_Mode_Out_PP = 0x10,
    GPIO_Mode_AF_OD = 0x1C,
    GPIO_Mode_AF_PP = 0x18
}
GPIOMode_TypeDef;
```

GPIO_Mode有8个成员，将其取值展开成二进制如下，可以看到如果第5位是"0"就为输入，第5位是"1"就为输出。

```
GPIO_Mode_AIN           = 0000 0000         //模拟输入
GPIO_Mode_IN_FLOATING   = 0000 0100         //浮空输入
GPIO_Mode_IPD           = 0010 1000         //下拉输入
GPIO_Mode_IPU           = 0100 1000         //上拉输入
GPIO_Mode_Out_OD        = 0001 0100         //开漏输出
GPIO_Mode_Out_PP        = 0001 0000         //推挽输出
GPIO_Mode_AF_OD         = 0001 1100         //复用开漏
GPIO_Mode_AF_PP         = 0001 1000         //服用推挽
```

最后将配置好的结构体通过GPIO_Init（GPIOB，&GPIO_InitStructure）函数写给GPIOB，即可完成I/O接口的初始化。

小问答	为下面这段初始化 I/O 程序添加注释

	`GPIO_InitTypeDef GPIO_InitStructure;`
	`RCC_APB2PeriphClockCmd（RCC_APB2Periph_GPIOA|RCC_APB2Periph_GPIOE, ENABLE）;`
	`GPIO_InitStructure.GPIO_Pin=GPIO_Pin_6| GPIO_Pin_7;`
	`GPIO_InitStructure.GPIO_Mode=GPIO_Mode_Out_OD;`
	`GPIO_InitStructure.GPIO_Speed=GPIO_Speed_10MHz;`
	`GPIO_Init（GPIOA, &GPIO_InitStructure）;`
	`GPIO_Init（GPIOE, &GPIO_InitStructure）;`

 项目实现

一、原理图

同项目3.2原理图，如图3.12所示。

二、参考程序

```
#include "stm32f10x.h"
void Delay(unsigned int count)                      //延时函数
{
    unsigned int i;
    for(;count!=0;count--)
    {
        i=5000;
        while(i--);
    }
```

```c
}
int main(void)
{
    GPIO_InitTypeDef  GPIO_InitStructure;
    RCC_APB2PeriphClockCmd(RCC_APB2Periph_GPIOA,ENABLE);
                                        //使能GPIOA时钟
    GPIO_InitStructure.GPIO_Pin = GPIO_Pin_0|GPIO_Pin_1|GPIO_Pin_2|
                                  GPIO_Pin_3;
                                        //选择PA0~PA3端口
    GPIO_InitStructure.GPIO_Mode = GPIO_Mode_Out_PP;
                                        //选择工作模式
    GPIO_InitStructure.GPIO_Speed = GPIO_Speed_50MHz;
                                        //选择GPIO最高速度
    GPIO_Init(GPIOA,&GPIO_InitStructure);
                                        //初始化GPIOA端口
    while(1)
    {
    GPIO_ResetBits(GPIOA,GPIO_Pin_0|GPIO_Pin_1| GPIO_Pin_2|
                                    GPIO_Pin_3);
                                    //PA0~PA3端口输出低电平,小灯点亮
    Delay(200);
    GPIO_SetBits(GPIOA,GPIO_Pin_0|GPIO_Pin_1| GPIO_Pin_2| GPIO_Pin_3);
                                    //PA0~PA3端口输出高电平,小灯熄灭
    Delay(200);
    }
}
```

这里的Delay()是延时函数,通过修改参数count控制延时时间长短。例如,Delay(200)表示延时200×5 000个时间周期,每个时间单位周期就是STM32主频的倒数,count的值越大延时时间越长。这里需要注意的是,count只是延时时间的一个正相关参数,不代表具体的秒或者分钟。如果想要精确地确定延时时长,如1 s或500 ms,需要调用定时器重新编写Delay(),这部分内容会在后续课程讲解。

项目总结

本项目通过RCC_APB2PeriphClockCmd()和GPIO_Init()函数完成初始化I/O接口,实现了闪烁时间可调的汽车LED双闪灯的模拟仿真,可调整Delay()函数的参数控制延时时长。

项目 3.4 我能做:汽车迎宾灯(流水灯)的模拟仿真

项目分析

汽车迎宾灯是一种汽车灯饰,当驾驶人打开车门或启动发动机时,车灯或车门

底部的灯会显示动态效果，作用是提示车辆附近人员注意交通安全，同时也可展现汽车的品牌标识。本项目使用多个LED小灯动态点亮（流水灯）的效果，模拟某汽车品牌的汽车迎宾灯。

 **知识链接**

一、使用 GPIO 标准外设库函数 GPIO_SetBits()、GPIO_ResetBits() 配置 I/O 接口输出

GPIO_SetBits()、GPIO_ResetBits()函数的名称和作用见表3-4。

表3-4　GPIO_SetBits()、GPIO_ResetBits() 函数简介

函数名称	GPIO_SetBits() GPIO_ResetBits()	函数作用	配置指定 I/O 接口的引脚输出高电平或低电平
函数示例	GPIO_SetBits(GPIOC, GPIO_Pin_8); GPIO_ResetBits(GPIOC, GPIO_Pin_9);		//GPIOC.8 引脚输出高电平 //GPIOC.9 引脚输出低电平

表3-4中两个函数由库函数stm32f10x_goio.c定义，功能是配置某一组I/O接口中的一位输出高电平或低电平。它们的定义如下：

```
void GPIO_SetBits(GPIO_TypeDef* GPIOx,uint16_t GPIO_Pin)
{
    /* 参数检查 */
    assert_param(IS_GPIO_ALL_PERIPH(GPIOx));
    assert_param(IS_GPIO_PIN(GPIO_Pin));

    GPIOx->BSRR = GPIO_Pin;
}

void GPIO_ResetBits(GPIO_TypeDef* GPIOx,uint16_t GPIO_Pin)
{
    /* 参数检查 */
    assert_param(IS_GPIO_ALL_PERIPH(GPIOx));
    assert_param(IS_GPIO_PIN(GPIO_Pin));

    GPIOx->BRR = GPIO_Pin;
}
```

其中，第一个参数GPIO_TypeDef* GPIOx表示某一组I/O接口，对于STM32F103ZET6来讲就是GPIOA-GPIOG。第二个参数uint16_t GPIO_Pin是对应管脚的宏定义，可选值有GPIO_Pin_0~GPIO_Pin_15，也可同时选择多个I/O接口，要按位或符号隔开，所有I/O接口全选则写为GPIO_Pin_All。例如，在项目3.2中想让PA0~PA3端口都输出低电平，控制程序为

```
GPIO_ResetBits(GPIOA,GPIO_Pin_0|GPIO_Pin_1|GPIO_Pin_2|GPIO_Pin_3);
```

同理，在项目3.2中如果想让所有LED小灯都不亮，那就需要让PA0~PA3端口都输出高电平，控制程序为

```
GPIO_SetBits(GPIOA,GPIO_Pin_0|GPIO_Pin_1|GPIO_Pin_2|GPIO_Pin_3);
```

二、使用 GPIO 标准外设库函数 GPIO_WriteBit()、GPIO_Write() 配置 I/O 接口输出

GPIO_WriteBit()、GPIO_Write()函数的名称和作用见表3-5。

表 3-5　GPIO_WriteBit()、GPIO_Write() 函数简介

函数名称	GPIO_WriteBit () GPIO_Write ()	函数作用	向指定 I/O 接口的引脚写 0 或者写 1 向指定 I/O 接口写数据
函数示例	GPIO_WriteBit(GPIOC, GPIO_Pin_8, 1); GPIO_Write(GPIOC, 0x0FFFE);		// 向 PC8 写 1 // 向 GPIOC 口写 0x0FFFE

GPIO_WriteBit()函数的功能是配置某一组I/O接口中的一位输出高电平或低电平，定义如下：

```
void GPIO_WriteBit(GPIO_TypeDef* GPIOx,uint16_t GPIO_Pin,BitAction
            BitVal)
{
    /* 参数检查 */
    assert_param(IS_GPIO_ALL_PERIPH(GPIOx));
    assert_param(IS_GET_GPIO_PIN(GPIO_Pin));
    assert_param(IS_GPIO_BIT_ACTION(BitVal));

    if (BitVal != Bit_RESET)
    {
        GPIOx->BSRR = GPIO_Pin;
    }
    else
    {
        GPIOx->BRR = GPIO_Pin;
    }
}
```

其中第一个参数GPIO_TypeDef* GPIOx表示某一组I/O接口，第二个参数uint16_t GPIO_Pin是对应管脚，区别是第三个参数BitVal，其参数类型是enum类型，即枚举类型，说明这个函数的第三个参数只能是Bit_RESET或Bit_SET，根据以下定义，BitVal的第一个值即Bit_RESET=0，那么Bit_SET默认值为1。

```
typedef enum
{
    Bit_RESET = 0,
    Bit_SET
}BitAction;
```

交流与思考 	GPIO_WriteBit() 和 GPIO_SetBits() 函数有哪些区别？

	对于单个引脚的操作，两个函数没有区别。例如：
	`GPIO_WriteBit(GPIOB, GPIO_Pin_5, 1);`
	`GPIO_SetBits(GPIOB, GPIO_Pin_5);`
	以上两个函数都是配置 PB5 端口输出高电平，可以相互替代。但如果要配置多个 I/O 接口输出高电平，就只能选择 GPIO_SetBits() 函数。例如：
	`GPIO_SetBits(GPIOB, GPIO_Pin_5| GPIO_Pin_6| GPIO_Pin_7);`

GPIO_Write()函数的功能是一次性向指定一组GPIO数据端口写入16位数据，0代表输出低电平，1代表输出高电平。定义如下：

```
void GPIO_Write(GPIO_TypeDef* GPIOx,uint16_t PortVal)
{
    /* 参数检查 */
    assert_param(IS_GPIO_ALL_PERIPH(GPIOx));

    GPIOx->ODR = PortVal;
}
```

其中第一个参数GPIO_TypeDef* GPIOx表示某一组I/O接口，第二个参数uint16_t PortVal表示一个16位的二进制数据，一般写成十六进制的形式。例如，在项目3.2中想让PA0~PA3端口都输出低电平，使用GPIO_Write()函数可以写为

```
GPIO_Write(GPIOA,0XFFF0);            //PA0~PA3端口为低电平,其他引脚为高电平
```

交流与思考 	在同时配置多位 I/O 接口时，GPIO_Write() 和 GPIO_SetBits()、GPIO_ResetBits() 函数有哪些区别？
	GPIO_Write() 和 GPIO_SetBits()、GPIO_ResetBits() 函数都可以同时配置多个 I/O 接口的输出电平状态。但在实际开发中，STM32 的一组 I/O 接口可能会连接多个外设。如果使用 GPIO_Write() 函数，会将一组 I/O 接口的状态都进行修改。如上文中想让 PA0~PA3 端口都输出低电平，同时配置其他引脚为高电平，这样可能影响到其他已连接外设的工作状态。所以在不清楚其他引脚工作状态的情况下，建议仅对自己已知的引脚进行位操作，即使用 GPIO_SetBits() 或 GPIO_ResetBits() 函数。

小问答 	为下面这段配置 I/O 状态程序添加注释

	`GPIO_SetBits(GPIOA,GPIO_Pin_1|GPIO_Pin_2);`
	`GPIO_SetBits(GPIOA,0X0003);`
	`GPIO_ResetBits(GPIOA,GPIO_Pin_3|GPIO_Pin_4);`
	`GPIO_ResetBits(GPIOA,GPIO_Pin_All);`
	`GPIO_WriteBit(GPIOA,GPIO_Pin_1|GPIO_Pin_2,Bit_RESET);`
	`GPIO_Write(GPIOA,0X0101);`

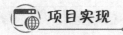

一、原理图

本项目通过端子跳线的方式连接16个LED小灯到PA0~PA7和PB0~PB7端口，仿真电路原理图如图3.17所示。

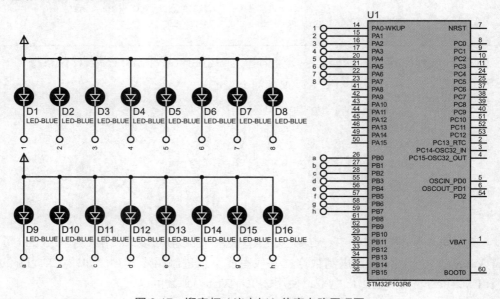

图3.17 迎宾灯（流水灯）仿真电路原理图

二、参考程序

```
#include "stm32f10x.h"
void Delay(unsigned int count)                  //延时函数
{
    unsigned int i;
    for(;count!=0;count--)
    {
        i=5000;
        while(i--);
    }
}
int main(void)                                   //配置PBA,PB作为开漏输出
{
    int i;                                       //循环变量
    GPIO_InitTypeDef  GPIO_InitStructure;
//GPIO_InitTypeDef是结构体类型，定义一个结构体，结构体名是GPIO_InitStructure
    RCC_APB2PeriphClockCmd(RCC_APB2Periph_GPIOA,ENABLE);
                                                 //打开数据总线APB2时钟源
    GPIO_InitStructure.GPIO_Pin = 0XFF;          //选择I/O
    GPIO_InitStructure.GPIO_Mode = GPIO_Mode_Out_OD;  //开漏输出
```

```
        GPIO_InitStructure.GPIO_Speed = GPIO_Speed_10MHz;
                                                            //速度10 MHz
        GPIO_Init(GPIOA,&GPIO_InitStructure);               //配置PB端口

        RCC_APB2PeriphClockCmd(RCC_APB2Periph_GPIOB,ENABLE);
                                                            //打开数据总线APB2时钟源
        GPIO_InitStructure.GPIO_Pin = 0XFF;       //选择I/O
        GPIO_InitStructure.GPIO_Mode = GPIO_Mode_Out_OD;    //开漏输出
        GPIO_InitStructure.GPIO_Speed = GPIO_Speed_10MHz;   //速度10 MHz
        GPIO_Init(GPIOB,&GPIO_InitStructure);               //配置PB端口
        while(1)
        {
            GPIO_Write(GPIOA,0xff);
            GPIO_Write(GPIOB,0xff);
            for(i=0;i<=7;i++)
            {
                GPIO_ResetBits(GPIOA,1<<i);
                                            //PA引脚逐一点亮LED小灯
                GPIO_ResetBits(GPIOB,0X80>>i);
                                            //PB引脚逐一点亮LED小灯
                Delay(100);
            }

        }
    }
```

项目总结

本项目通过多种I/O输出的库函数实现汽车迎宾灯（流水灯）的模拟仿真，也可继续编写while(1)中的循环体以增加更多的流水效果。建议尝试使用GPIO_Write()函数对上面的程序进行改写，并讨论不同效果下使用哪个函数更加合适。

项目 3.5　我能做：汽车转向灯的模拟仿真

项目分析

汽车转向灯是指在车辆转弯时，通过开启相应方向的闪烁指示灯，警示车前或车后的行人或车辆，提示本车的行驶方向。本项目通过按键控制LED小灯闪烁，模拟仿真汽车转向灯效果。

知识链接

使用 GPIO 标准外设库函数 GPIO_ReadInputDataBit ()、GPIO_ReadInputData ()配置 I/O 接口输入

GPIO_ReadInputDataBit()、GPIO_ReadInputData ()函数的名称和作用见表3-6。

表 3-6　GPIO_ReadInputDataBit()、GPIO_ReadInputData () 函数简介

函数名称	GPIO_ReadInputDataBit() GPIO_ReadInputData()	函数作用	位输入函数 字节输入函数
函数示例	GPIO_ReadInputDataBit(GPIOA,GPIO_Pin_6); temp = GPIO_ReadInputData(GPIOB);	// 读取 PA6 引脚值 // 读取 GPIOB 端口输入值	

表3-6中GPIO_ReadInputDataBit()函数的功能是读取某一组I/O接口中的一位I/O输入的电平高低。需要注意的是使用此函数之前要在初始化程序中将工作模式设置为输入模式。其定义如下：

```
uint8_t GPIO_ReadInputDataBit(GPIO_TypeDef* GPIOx,uint16_t GPIO_Pin)
{
    uint8_t bitstatus = 0x00;

    /* 参数检查 */
    assert_param(IS_GPIO_ALL_PERIPH(GPIOx));
    assert_param(IS_GET_GPIO_PIN(GPIO_Pin));

    if ((GPIOx->IDR & GPIO_Pin) != (uint32_t)Bit_RESET)
    {
        bitstatus = (uint8_t)Bit_SET;
    }
    else
    {
        bitstatus = (uint8_t)Bit_RESET;
    }
        return bitstatus;
}
```

其中，第一个参数GPIO_TypeDef* GPIOx表示某一组I/O接口，第二个参数uint16_t GPIO_Pin是对应管脚的宏定义。和之前所有的控制输出函数不同，GPIO_ReadInputDataBit()函数是一个有返回值的函数，返回值是bitstatus，有Bit_SET和Bit_RESET两个值可选，即当输入电平为高电平时，返回值为1；当输入电平为低电平时，返回值为0。在程序中一般用if语句查询的方式读取电平状态。

表3-4中GPIO_ReadInputData()函数的功能是一次性读取某一组I/O接口所有的电平状态，其定义如下：

```
uint16_t GPIO_ReadInputData(GPIO_TypeDef* GPIOx)
{
    /* 参数检查 */
    assert_param(IS_GPIO_ALL_PERIPH(GPIOx));
    return ((uint16_t)GPIOx->IDR);
}
```

该函数中只有一个参数GPIO_TypeDef* GPIOx，表示某一组I/O接口，返回值

是一个无符号16位二进制数据,从低位到高位分别对应P0端口到P15端口输入电平高低。

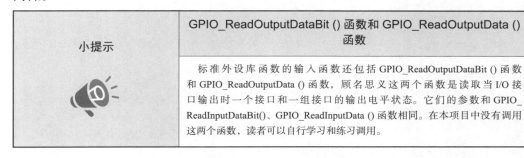

小提示	GPIO_ReadOutputDataBit()函数和GPIO_ReadOutputData()函数
	标准外设库函数的输入函数还包括GPIO_ReadOutputDataBit()函数和GPIO_ReadOutputData()函数,顾名思义这两个函数是读取当I/O接口输出时一个接口和一组接口的输出电平状态。它们的参数和GPIO_ReadInputDataBit()、GPIO_ReadInputData()函数相同。在本项目中没有调用这两个函数,读者可以自行学习和练习调用。

项目实现

一、原理图

在项目3.2电路原理图中,添加两个可保持型按键Switch,并在按键上连接上拉电阻和电压源,可以看到当按键弹开时,I/O接口输入高电平,当按键按下时,由于直接接地,I/O接口输入低电平,如图3.18所示。

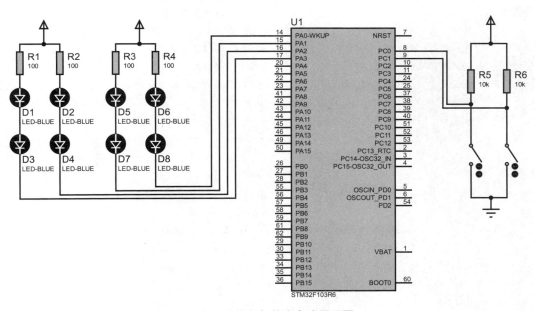

图3.18 转向灯仿真电路原理图

二、参考程序

```
#include "stm32f10x.h"//PB5 PE5
void Delay(unsigned int count)
{
    unsigned int i;
    for(;count!=0;count--)
    {
```

```c
        i=5000;
        while(i--);
    }
}
int main(void)                              //配置PA0~PA3端口作为开漏输出
{
    GPIO_InitTypeDef   GPIO_InitStructure;
    //GPIO_InitTypeDef是结构体类型,定义一个结构体,结构体名是GPIO_InitStructure
    RCC_APB2PeriphClockCmd(RCC_APB2Periph_GPIOA,ENABLE);
                                            //打开数据总线APB2时钟源
    GPIO_InitStructure.GPIO_Pin = GPIO_Pin_0|GPIO_Pin_1|GPIO_Pin_2
                     |GPIO_Pin_3;
                                            //选择I/O接口
    GPIO_InitStructure.GPIO_Mode = GPIO_Mode_Out_OD;      //开漏输出
    GPIO_InitStructure.GPIO_Speed = GPIO_Speed_10MHz;     //速度50 MHz
    GPIO_Init(GPIOA,&GPIO_InitStructure);                 //配置PA端口

    RCC_APB2PeriphClockCmd(RCC_APB2Periph_GPIOC,ENABLE);
                                            //打开数据总线APB2时钟源
    GPIO_InitStructure.GPIO_Pin = GPIO_Pin_1|GPIO_Pin_0;
                                            //选择I/O接口
    GPIO_InitStructure.GPIO_Mode = GPIO_Mode_IPD;         //下拉输入
    GPIO_InitStructure.GPIO_Speed = GPIO_Speed_10MHz;     //速度50 MHz
    GPIO_Init(GPIOC,&GPIO_InitStructure);                 //配置PC端口
    while(1)
    {
        GPIO_SetBits(GPIOA,GPIO_Pin_0|GPIO_Pin_1|GPIO_Pin_2|GPIO_Pin_3);
                                                          //关灯
        if(GPIO_ReadInputDataBit(GPIOC,GPIO_Pin_0)==0)
        {
            GPIO_ResetBits(GPIOA,GPIO_Pin_2|GPIO_Pin_3);//闪灯
            Delay(100);
            GPIO_SetBits(GPIOA,GPIO_Pin_2|GPIO_Pin_3);
            Delay(100);
        }
        if(GPIO_ReadInputDataBit(GPIOC,GPIO_Pin_1)==0)
        {
            GPIO_ResetBits(GPIOA,GPIO_Pin_0|GPIO_Pin_1);//闪灯
            Delay(100);
            GPIO_SetBits(GPIOA,GPIO_Pin_0|GPIO_Pin_1);
            Delay(100);
        }
    }
}
```

项目总结

本项目通过按键控制LED小灯闪烁，模拟汽车转向灯的效果，通过编程熟悉了GPIO_ReadInputDataBit()函数的应用，也可应用GPIO_ReadInputData()函数对上面的程序进行改写。

项目 3.6　我能学：工厂照明设备的模拟仿真

项目分析

以上项目都是通过STM32的I/O接口控制LED小灯的亮灭，由于STM32I/O接口的输出电压为3.3 V，最大输出电流仅为8 mA，输出功率为26.4 mW，无法驱动汽车前大灯或工厂的大功率交直流设备。所以本项目通过STM32的I/O接口驱动继电器，间接控制图3.19所示的工厂照明设备，实现工厂照明设备的模拟仿真。

图 3.19　工厂照明设备

知识链接

继电器的认知

1. 什么是继电器

继电器（relay）是一种电控制器件，是当输入量（激励量）的变化达到规定要求时，在电气输出电路中使被控量发生预定阶跃变化的一种电器。它具有控制系统（又称输入回路）和被控制系统（又称输出回路）之间的互动关系，通常应用于自动化的控制电路中，实际上是用小电流控制大电流运作的一种"自动开关"。故在电路中起着自动调节、安全保护、转换电路等作用。Proteus中几种类型的继电器如图3.20所示。

2. 继电器的符号表示方法

继电器线圈在电路中用一个长方框符号表示，如果继电器有两个线圈，就画两个并列的长方框。同时在长方框内或长方框旁标注继电器的文字符号J。继电器的触点有两种表示方法：一种是把它们直接画在长方框一侧，这种表示法较为直观；另一种是按照电路连接的需要，把各个触点分别画到各自的控制电路中，通常在同一继电器的触点与线圈旁分别标注上相同的文字符号，并将触点组编上号码，以示区别。

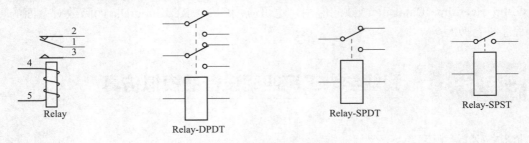

图 3.20 几种典型继电器

继电器的触点有以下三种基本形式：

（1）动合型（常开，H型）线圈不通电时两触点是断开的，通电后两个触点闭合。以"合"字的拼音首字母H表示。

（2）动断型（常闭，D型）线圈不通电时两触点是闭合的，通电后两个触点断开。用"断"字的拼音首字母D表示。

（3）转换型（Z型）是触点组型。这种触点组共有三个触点，即中间是动触点，上下各一个静触点。线圈不通电时，动触点和其中一个静触点断开，和另一个闭合；线圈通电后，动触点移动，使原来断开的触点呈闭合状态，原来闭合的触点呈断开状态，达到转换的目的。这样的触点组称为转换触点。用"转"字的拼音首字母Z表示。

3. 继电器触点保护

继电器内部具有线圈结构，所以在断电时会产生电压很大的反向电动势，会击穿继电器的驱动三极管，为此要在继电器驱动电路中设置二极管保护电路，以保护继电器驱动管。

图3.21所示为继电器驱动电路中的二极管保护电路，电路中的K1是继电器，VD1是驱动管VT1的保护二极管，R1和C1构成继电器内部开关触点的消火花电路。

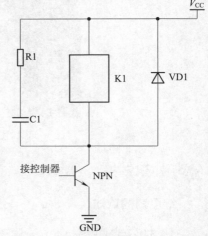

图 3.21 继电器驱动电路中的二极管保护电路

项目实现

一、原理图

图3.22所示为照明设备仿真电路原理图，控制按键接PA1，输出I/O为PC0，分别找到器件继电器RELAY、保护二极管DIODE、三极管PNP、大功率电灯LAMP和直流电动机MOTOR-DC，放置到相应位置，完成连线。

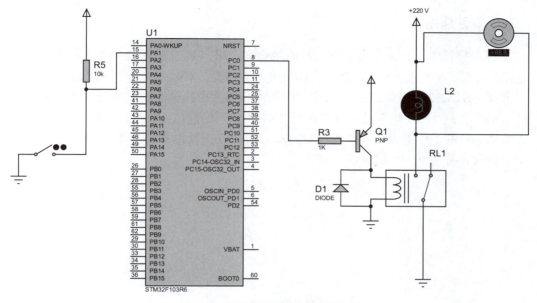

图 3.22 照明设备仿真电路原理图

二、参考程序

```
#include "stm32f10x.h"//PB5 PE5
int main(void)//
{
    GPIO_InitTypeDef  GPIO_InitStructure;
//GPIO_InitTypeDef是结构体类型，定义一个结构体，结构体名称为GPIO_InitStructure
    RCC_APB2PeriphClockCmd(RCC_APB2Periph_GPIOC,ENABLE);
                                    //打开数据总线APB2时钟源
    GPIO_InitStructure.GPIO_Pin = GPIO_Pin_0;
                                    //选择I/O接口
    GPIO_InitStructure.GPIO_Mode = GPIO_Mode_Out_OD;   //开漏输出
    GPIO_InitStructure.GPIO_Speed = GPIO_Speed_10MHz;  //速度10 MHz
    GPIO_Init(GPIOC,&GPIO_InitStructure);              //配置PA

    RCC_APB2PeriphClockCmd(RCC_APB2Periph_GPIOA,ENABLE);
                                    //打开数据总线APB2时钟源
    GPIO_InitStructure.GPIO_Pin = GPIO_Pin_1;          //选择I/O接口
    GPIO_InitStructure.GPIO_Mode = GPIO_Mode_IPD;      //下拉输入
    GPIO_InitStructure.GPIO_Speed = GPIO_Speed_10MHz;  //速度10 MHz
    GPIO_Init(GPIOA,&GPIO_InitStructure);              //配置PC
    while(1)
    {
        if(GPIO_ReadInputDataBit(GPIOA,GPIO_Pin_1)==0)
           GPIO_ResetBits(GPIOC,GPIO_Pin_0);
        else
           GPIO_SetBits(GPIOC,GPIO_Pin_0);
    }
}
```

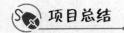 项目总结

在本项目中，首先学习了继电器的结构和应用，通过 STM32 的 I/O 输出控制继电器，实现了小电流、小电压控制大功率设备的功能。实际上，在电气设备控制领域，以 PLC、STM32 为主的控制器的作用一般都是作为小功率控制电路设备操控主电路的大功率设备，除了继电器还可以选择光耦作为转接器件，对于控制电路而言，控制方法是一致的。除了大功率设备，STM32 还可以连接其他具有各种功能的外设器件，这部分内容将在下一专题重点介绍。

专题四　STM32 外设驱动设计

 教学导航

本专题在 STM32 I/O 接口设计和编程的基础上，进一步引入数码管、点阵屏、液晶屏等外设驱动方法的教学，采用模拟仿真实现红绿灯、电子指示牌、图片显示器等功能，训练对常用外设器件的设计、运行和调试技能。

项目内容	单个数码管倒计数器的模拟仿真 路口红绿灯的模拟仿真 道路电子指示牌的模拟仿真 汽车仪表字符显示器的模拟仿真 汽车仪表图片显示器的模拟仿真
能力目标	能够利用 STM32 与数码管的接口技术，完成数码管静态与动态显示的接口设计和编程 能够利用 GPIO 的库函数编程，控制 1602 液晶显示器显示任意字符 能够利用 GPIO 的库函数编程，控制 12864 液晶显示器显示图片 会设计硬件电路控制 8×8 点阵屏，通过 GPIO 编程实现图形显示
知识目标	熟悉 LED 数码管的结构、工作原理和显示方式 熟悉数码管静态和动态显示的原理及相关电路、程序的设计方法 了解 1602 显示器、12864 液晶显示器的硬件连接方式和驱动方法 了解 8×8 及 16×16 点阵屏硬件结构及驱动方法
重点和难点	能够利用 STM32 的 GPIO 端口，实现 LED 数码管、1602 显示屏、12860 显示屏、点阵屏的驱动
学时建议	16 学时
项目开发环境	Proteus 仿真软件、STM32 硬件开发板
电赛应用	2009 年全国大学生电子设计大赛中的 H 题：LED 点阵书写显示屏，要求设计并制作一个基于 32×32 的 LED 模块的书写显示屏，当光笔触及 LED 点阵模块表面时，先由光笔检测触及位置处 LED 点的扫描微亮以获取其行列坐标，再依据功能需求决定该坐标处的 LED 是否点亮至人眼可见的显示状态，从而在屏上实现"点亮、划亮、反显、整屏擦除、笔画擦除、连写多字、对象拖移"等书写显示功能，考查了控制器对典型外设（点阵屏）驱动的灵活应用

项目 4.1　跟着做：单个数码管自动计数器的模拟仿真

 项目分析

计数器可对外部某一事件进行计数，即事件每发生一次变化，计数器就计数一

次。本项目利用STM32驱动一位数码管实现倒计时器的模拟仿真，程序运行后数码管自动从0至9依次循环。

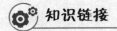

数码管的认知

在嵌入式应用系统中，数码管作为显示器件得到了广泛运用，一般用于阿拉伯数字和部分字母的显示。在这种显示方案中，每个数字由数字"8"中的七个"字段"组成，因此这种专门用于数字显示的显示器称为"七段数码管"，简称"七段管"。一般每个数字的右下方都会带有小数点的显示位，所以对整个数码管来说一般有8段显示位。一个"8"字形的数码管如图4.1（a）所示，实际上每一个显示段分别由一个发光二极管构成，设计者为每段二极管标注一个符号，分别用a、b、c、d、e、f、g、dp 表示。当某一个发光二极管导通，点亮相应字段，通过发光二极管不同的亮灭组合形成不同的数字、字母及其他符号。

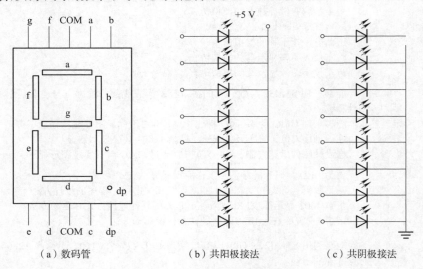

图 4.1 数码管和数码管接法

LED数码管中的发光二极管有以下两种接法：

（1）所有发光二极管的阳极（二极管正端）连接一起，这种连接方法称为共阳极接法，如图4.2（b）所示。

（2）所有发光二极管的阴极（二极管负端）连接一起，这种连接方法称为共阴极接法，如图4.2（c）所示。

通常，公共阳极接高电平（一般为电源），其他管脚接段驱动电路输出端。当某段驱动电路的输入端为低电平时，该端所连接的字段导通并点亮。共阴极数码管中八个发光二极管的阴极（二极管负端）连接在一起。根据发光字段的不同组合可显示出各种数字或字符。此时，要求段驱动电路能吸收额定的段导通电流，还须根据外接电源及额定段导通电流确定相应的限流电阻。

LED数码管的发光二极管亮灭组合实质上就是不同电平的组合，也就是为LED

数码管提供不同的代码，这些代码称为字型代码。七段发光二极管再加上一个小数点dp共计八段，字型代码与这八段的关系见表4-1。

表4-1 字型代码

数据字	D_7	D_6	D_5	D_4	D_3	D_2	D_1	D_0
LED 段	dp	g	f	e	d	c	b	a

字型代码与十六进制数的对应关系见表4-2，可以看出共阴极和共阳极的数码管字型码互为补数。

表4-2 数码管字型码表

显示字符	字型	共阳极								共阴极							
		dp	g	f	e	d	c	b	a	字型码	dp	g	f	e	d	c	b	a	字型码
0	0	1	1	0	0	0	0	0	0	C0H	0	0	1	1	1	1	1	1	3FH
1	1	1	1	1	1	1	0	0	1	F9H	0	0	0	0	0	1	1	0	06H
2	2	1	0	1	0	0	1	0	0	A4H	0	1	0	1	1	0	1	1	5BH
3	3	1	0	1	1	0	0	0	0	B0H	0	1	0	0	1	1	1	1	4FH
4	4	1	0	0	1	1	0	0	1	99H	0	1	1	0	0	1	1	0	66H
5	5	1	0	0	1	0	0	1	0	92H	0	1	1	0	1	1	0	1	6DH
6	6	1	0	0	0	0	0	1	0	82H	0	1	1	1	1	1	0	1	7DH
7	7	1	1	1	1	1	0	0	0	F8H	0	0	0	0	0	1	1	1	07H
8	8	1	0	0	0	0	0	0	0	80H	0	1	1	1	1	1	1	1	7FH
9	9	1	0	0	1	0	0	0	0	90H	0	1	1	0	1	1	1	1	6FH
A	A	1	0	0	0	1	0	0	0	88H	0	1	1	1	0	1	1	1	77H
B	B	1	0	0	0	0	0	1	1	83H	0	1	1	1	1	1	0	0	7CH
C	C	1	1	0	0	0	1	1	0	C6H	0	0	1	1	1	0	0	1	39H
D	D	1	0	1	0	0	0	0	1	A1H	0	1	0	1	1	1	1	0	5EH
E	E	1	0	0	0	0	1	1	0	86H	0	1	1	1	1	0	0	1	79H
F	F	1	0	0	0	1	1	1	0	8EH	0	1	1	1	0	0	0	1	71H
H	H	1	0	0	0	1	0	0	1	89H	0	1	1	1	0	1	1	0	76H
L	L	1	1	0	0	0	1	1	1	C7H	0	0	1	1	1	0	0	0	38H
P	P	1	0	0	0	1	1	0	0	8CH	0	1	1	1	0	0	1	1	73H
R	R	1	1	0	0	1	1	1	0	CEH	0	0	1	1	0	0	0	1	31H
U	U	1	1	0	0	0	0	0	1	C1H	0	0	1	1	1	1	1	0	3EH
Y	Y	1	0	0	1	0	0	0	1	91H	0	1	1	0	1	1	1	0	6EH
—	—	1	0	1	1	1	1	1	1	BFH	0	1	0	0	0	0	0	0	40H
.	.	0	1	1	1	1	1	1	1	7FH	1	0	0	0	0	0	0	0	80H
熄灭	灭	1	1	1	1	1	1	1	1	FFH	0	0	0	0	0	0	0	0	00H

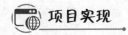

一、原理图

设置单个数码管可在器件库中搜索 "7SEG-MPX1-CA"，数码管类型为共阳极，从低位到高位分别连接PC0~PC7端口，仿真电路原理图如图4.2所示。

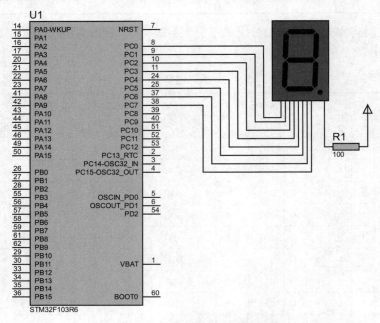

图 4.2　单个数码管仿真电路原理图

二、参考程序

单个数码管自动计数器的模拟仿真参考程序如下：

```c
#include "stm32f10x.h"
uint16_t  table[]={0xc0,0xf9,0xa4,0xb0,0x99,0x92,0x82,0xf8,
0x80,0x90,0x88,0x83,0xc6,0xa1,0x86,0x8e};         //共阳极数码管码值
void Delay(unsigned int count)                      //延时函数
{
    unsigned int i;
    for(;count!=0;count--)
    {
        i=5000;
        while(i--);
    }
}
int main(void)
{
    int i;
    GPIO_InitTypeDef  GPIO_InitStructure;
```

```
    RCC_APB2PeriphClockCmd(RCC_APB2Periph_GPIOC, ENABLE);
                                                    //使能GPIOC时钟
    GPIO_InitStructure.GPIO_Pin=GPIO_Pin_7|GPIO_Pin_6|GPIO_Pin_5|
    GPIO_Pin_4|GPIO_Pin_3|GPIO_Pin_2|GPIO_Pin_1|GPIO_Pin_0;
                                                    //使能PC0~PC7端口
    GPIO_InitStructure.GPIO_Mode = GPIO_Mode_Out_PP;//推挽输出
    GPIO_InitStructure.GPIO_Speed = GPIO_Speed_50MHz;//频率
    GPIO_Init(GPIOC, &GPIO_InitStructure);          //初始化

    while(1)
    {
        for(i=0;i<=9;i++)
        {
            GPIO_Write(GPIOC,table[i]);             //正序循环计数0~9
            Delay(100);
        }
    }
}
```

项目总结

本项目通过 GPIO_Write() 函数配置 PC0~PC7 端口驱动单个数码管实现自动计数器的模拟仿真。作为本专题的第一个项目，单个数码管计数器的计数长度有限，在后续项目中将继续控制多位数码管实现其他相应功能。

项目 4.2　我能做：路口红绿灯的模拟仿真（并行控制）

项目分析

红绿灯的作用是维持交通秩序，让车辆和行人有规律地通过路口。指挥交通运行的信号灯一般由红灯、绿灯和黄灯组成。红灯表示禁止通行，绿灯表示允许通行，黄灯表示警告。本项目模拟一个路口红绿灯的运行效果，红灯和绿灯的等待时间为 20 s，黄灯闪烁两次。

知识链接

数码管的显示方式

在单片机应用系统中一般需要用到多个 LED 数码管，如图 4.3 所示，每个数码管除了 a~dp 这八个段选线以外，还有一个 COM 口作为位选线进行使用。段选线控制字符的选择，位选线控制显示位的亮灭。而多个 LED 数码管在连接时，根据显示方式的

不同，n根位选线和8×n根段选线连接在一起，位选线、段选线与单片机的连接方式也不相同。

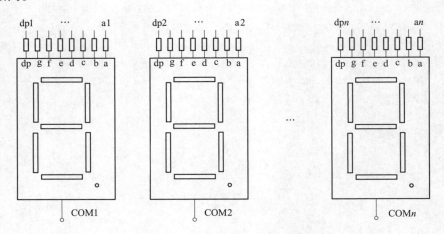

图4.3 数码管和数码管接法

多个LED数码管的显示电路按驱动方式可以分为静态显示和动态显示两种方式。

静态显示方式是当数码管要显示某一个字符时，相应的发光二极管恒定地导通或截止。例如，LED数码管要显示"0"时，a、b、c、d、e、f导通，而g和dp截止。单片机只要将需要显示的数据送出去，直到下一次显示数据需要更新时再发送一次数据。静态显示的优点是：显示数据稳定，亮度高，程序设计简单，MCU负担小；缺点是占用硬件资源多，耗电量大，如果单片机系统中有n个LED数码管，则需要8×n根I/O接口线，所占用的I/O资源多，需进行扩展。

动态显示是一位一位地轮流点亮各位数码管，这种逐位点亮显示器的方式称为位扫描。通常，各位数码管的段选线相应地并联在一起，由一个8位的I/O接口控制，各位的位选线（共阴极或共阳极）由另外的I/O接口线控制。动态方式显示时，各数码管分时轮流选通，要使其稳定显示，必须采用扫描方式，即在某一时刻只选通一位数码管，并送出相应的段码，在另一时刻选通另一位数码管，并送出相应的段码。依此循环，即可使各位数码管显示需要显示的字符。虽然这些字符是在不同的时刻分别显示，但由于人眼存在视觉暂留效应，只要每位显示间隔时间足够短就可以给人同时显示的感觉。动态显示的优点是占用硬件资源少、耗电量小；缺点是显示稳定性不易控制、程序设计相对复杂、MCU负担重。

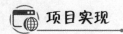 项目实现

一、原理图

由于本项目实现20 s倒计时的功能，所以放置两个数码管连接在所有PC端口线上，信号灯连接到PC6~PC8端口，仿真电流原理图如图4.4所示。

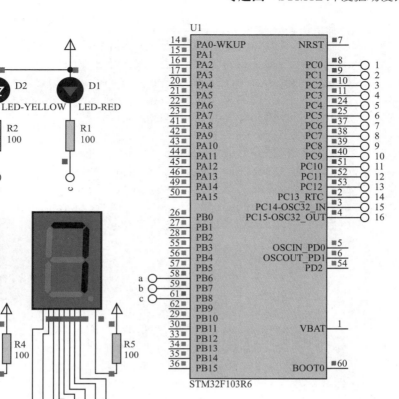

图 4.4 红绿灯仿真电路原理图

二、参考程序

红绿灯的模拟仿真参考程序如下：

```
#include "stm32f10x.h"
uint16_t table[]={0xc0,0xf9,0xa4,0xb0,0x99,0x92,0x82,0xf8,0x80,0x90,
                  0x88,0x83,0xc6,0xa1,0x86,0x8e};
void Delay(unsigned int count)
{
    unsigned int i;
    for(;count!=0;count--)
    {
        i=4000;
        while(i--);
    }
}
int main(void)
{
    int i;
    GPIO_InitTypeDef  GPIO_InitStructure;
```

```c
//数码管驱动口初始化
RCC_APB2PeriphClockCmd(RCC_APB2Periph_GPIOC, ENABLE);
GPIO_InitStructure.GPIO_Pin = GPIO_Pin_All;
GPIO_InitStructure.GPIO_Mode = GPIO_Mode_Out_PP;
GPIO_InitStructure.GPIO_Speed = GPIO_Speed_50MHz;
GPIO_Init(GPIOC, &GPIO_InitStructure);
//信号灯驱动口初始化
RCC_APB2PeriphClockCmd(RCC_APB2Periph_GPIOB, ENABLE);
GPIO_InitStructure.GPIO_Pin = GPIO_Pin_8|GPIO_Pin_7|GPIO_Pin_6;
GPIO_InitStructure.GPIO_Mode = GPIO_Mode_Out_PP;
GPIO_InitStructure.GPIO_Speed = GPIO_Speed_50MHz;
GPIO_Init(GPIOB, &GPIO_InitStructure);
while(1)
{
    GPIO_Write(GPIOB,0XFEFF);                       //红灯亮
    for(i=20;i>=0;i--)                              //20 s倒计时
    {
        GPIO_Write(GPIOC,(table[i/10]<<8)|table[i%10]);
        Delay(200);
    }
    GPIO_Write(GPIOB,0XFF7F);                       //红灯熄灭,黄灯闪烁
    Delay(100);
    GPIO_Write(GPIOB,0XFFFF);
    Delay(100);
    GPIO_Write(GPIOB,0XFF7F);
    Delay(100);
    GPIO_Write(GPIOB,0XFFFF);
    Delay(100);
    GPIO_Write(GPIOB,0XFFBF);                       //绿灯点亮
    for(i=20;i>=0;i--)                              //20 s倒计时
    {
        GPIO_Write(GPIOC,(table[i/10]<<8)|table[i%10]);
        Delay(200);
    }
    GPIO_Write(GPIOB,0XFF7F);                       //绿灯熄灭,黄灯闪烁
    Delay(100);
    GPIO_Write(GPIOB,0XFFFF);
    Delay(100);
    GPIO_Write(GPIOB,0XFF7F);
    Delay(100);
    GPIO_Write(GPIOB,0XFFFF);
    Delay(100);
}
}
```

项目总结

本项目控制了两个数码管和三个 LED 小灯模拟红绿灯的运行效果。程序采用比较简单的"顺序"控制写法,依次控制 LED 灯的点亮和数码管的倒计时。例如:

```
GPIO_Write(GPIOC,(table[i/10]<<8)|table[i%10]);
```

其中 table[i/10] 指倒计时数字的十位数所对应的码值,将此码值左移八位后再与个位数对应的码值按位取或,即将两串 8 位二进制数连成了一串 16 位二进制数,再通过 I/O 接口并行发出给两个数码管,这种多位整型变量取每一位的值单独控制的方法会在后续项目中经常使用。

交流与思考 	I/O 接口并行控制和串行控制有什么区别?
	在以上项目中,16 位数据一次性发出的数据传输方式即并行控制。从传输方式来说,并行控制对应的是串行控制。那它们有什么区别? (1)数据传送方式不同:串行传输方式为数据排成一行,一位一位送出,接收也一样;并行传输多位数据一次性送出。 (2)效率不同:并行传输效率高,一次可传输多个数据;串行传输一次只可传输一个数据。 (3)占用引脚不同:串行口占用引脚少,并行口占用引脚多。

项目 4.3 我能做:多个数码管的日期显示模拟仿真(串行控制)

 项目分析

本项目功能是通过驱动八个数码管显示当天的日期。显然如果采用并行控制的话,引脚资源占用较多,从实际硬件设计的角度也造成了浪费。所以本项目采用 74LS/64 芯片将 I/O 的串行输出转为并行输出,驱动多个数码管实现,只需占用两个 I/O 接口,大大节省了硬件资源。

知识链接

74LS164 的应用

74LS164(74HC164)是高速硅门 CMOS 器件,与低功耗肖特基型 TTL(LSTTL)器件的引脚兼容。74LS164(74HC164)是 8 位边沿触发式移位寄存器,串行输入数据,然后并行输出。数据通过两个输入端(DSA 或 DSB)之一串行输入;任一输入端可以用作高电平使能端,控制另一输入端的数据输入。两个输入端可连接在一起,或把不用的输入端接高电平,不能悬空。74LS164 的引脚图如图 4.5 所示,引脚功能表见表 4-3。

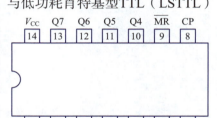

图 4.5 74LS164 引脚图

表 4-3 引脚功能

符号	引脚	说明
DSA	1	数据输入
DSB	2	数据输入
Q0~Q3	3~6	输出
GND	7	地（0 V）
CP	8	时钟输入（低电平到高电平边沿触发）
$\overline{MR}$	9	中央复位输入（低电平有效）
Q4~Q7	10~13	输出
V_{CC}	14	正电源

时钟（CP）每次由低变高时，数据右移一位，输入到Q0，Q0是两个数据输入端（DSA和DSB）的逻辑与结果，它将上升时钟保持一个建立时间（set-up time）的长度。主复位（MR）输入端上的一个低电平将使其他所有输入端都无效，非同步地清除寄存器，强制所有输出为低电平。74LS164的逻辑功能表见表4-4。

表 4-4 引脚逻辑功能

工作模式	输入				输出		备注
$\overline{MR}$	CP	DSA	DSB		Q0	Q1~Q7	
L	L	X	X		L	L~L	复位（清除）
H	↑	l	l		L	Q1~Q7	移位
H	↑	l	h		L	Q1~Q7	
H	↑	h	l		L	Q1~Q7	
H	↑	h	H		H	Q1~Q7	

其中：H表示高（high）电平；h表示低至高时钟跃变一个建立时间的高（high）电平；L表示低（low）电平；l表示低至高时钟跃变一个建立时间的低（low）电平；q表示低至高时钟跃变一个建立时间的参考输入（referenced input）的状态；↑表示低至高时钟跃变。

小提示

常见 74 系列数字芯片的应用

74 芯片指一个系列的数字集成逻辑电路，后接 LS 表示 TTL 电平标准，后接 HC 表示 CMOS 电平标准。由于 STM32 作为数字芯片，常驱动数字集成逻辑芯片实现多种逻辑功能的应用，除了本项目使用的 74LS164 以外，74LS573、74LS245 都可与数码管驱动搭配使用。常见型号与功能如下：

型号	功能
74LS00	2 输入端四与非门
74LS02	2 输入端四或非门
74LS04	六反相器
74LS138	3-8 线译码器
74LS153	双 4 选 1 数据选择器
74LS157	同相输出四 2 选 1 数据选择器
74LS573	8 位数据锁存器

一、原理图

在器件库中搜索74LS164,STM32的PB0端口作为数据端将串行信号输入到端口A,端口A和端口B并联,下一个74LS164的输入口A短接到上一个的最后一位上实现信号的串行,MR接高电平不复位,PB1端口作为时钟端与每个74LS164的CLK端短接,74LS164驱动数码管实现日期显示仿真电路原理图如图4.6所示。

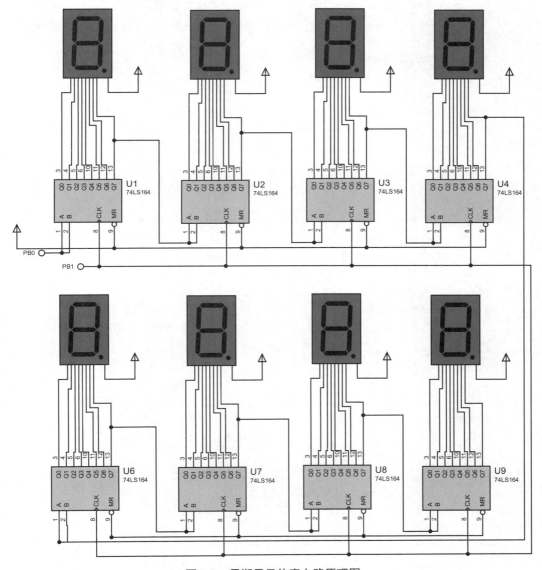

图 4.6 日期显示仿真电路原理图

二、参考程序

```
#include "stm32f10x.h"
```

```c
#define datl GPIO_ResetBits(GPIOB,GPIO_Pin_0)
                              //预定义datl为数据端高电平
#define dath GPIO_SetBits(GPIOB,GPIO_Pin_0)
                              //预定义dath为数据端低电平
#define clkl GPIO_ResetBits(GPIOB,GPIO_Pin_1)
                              //预定义clkl为时钟端高电平
#define clkh GPIO_SetBits(GPIOB,GPIO_Pin_1)
                              //预定义clkh为时钟端低电平
const unsigned char led_table[16]={0xC0,0xF9,0xA4,0xB0,0x99,0x92,
            0x82,0xF8,0x80,0x90,0x88,0x83,0xC6,0xA1,0x86,0x8E};

void Delay(unsigned int count)
{
    unsigned int i;
    for(;count!=0;count--)
    {
        i=5000;
        while(i--);
    }
}
/************************************************************/
/******    函数名称:    play()                        ******/
/******    功    能:    74HC164数码管显示一个字符      ******/
/******    参    数:    要显示的数据                  ******/
/******    返 回 值:    无                            ******/
/************************************************************/
                //play(unsigned char)表示串行显示函数,无返回值
                //no表示需要显示的数值
void play(unsigned char no)
{
    unsigned char j,data;      //变量j用于计数,data 暂存要输出的字形码
    data=led_table[no];
    for(j=0;j<8;j++)           //循环共8次,传送8位,先传高位
    {
        clkl;                  //74HC164时钟低电平
        if(data&0x80)   //判断高位是0还是1
            dath;              //若1为则164数据置高
        else
            datl;              //否则164数据置低
        clkh;                  //164 低电平,产生下降沿
                               //Delay(200);
        data<<=1;              //调整要显示的位
    }
}
```

```
int main(void)
{
    GPIO_InitTypeDef GPIO_InitStructure;
    RCC_APB2PeriphClockCmd(RCC_APB2Periph_GPIOB, ENABLE);
    GPIO_InitStructure.GPIO_Pin = GPIO_Pin_0|GPIO_Pin_1;
    GPIO_InitStructure.GPIO_Mode = GPIO_Mode_Out_OD;
    GPIO_InitStructure.GPIO_Speed = GPIO_Speed_50MHz;
    GPIO_Init(GPIOB,&GPIO_InitStructure);
    play(6);
    play(1);
    play(2);
    play(0);
    play(3);
    play(2);
    play(0);
    play(2);
    while(1);
}
```

项目总结

本项目通过 STM32 输出串行信号到 74LS164 实现并行输出,驱动多个数码管显示日期,可以看到在不考虑实际电流驱动能力的情况下通过两个 I/O 接口就能驱动多个数码管,这样比并行驱动的方式大大节省了资源,可以尝试添加或减少数码管显示学号、班号等数字串。

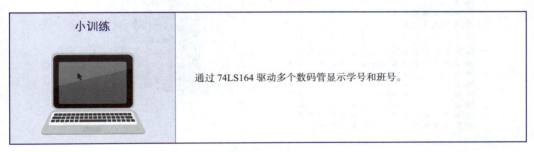

小训练

通过 74LS164 驱动多个数码管显示学号和班号。

项目 4.4 我能做:路口 LED 倒计时器的模拟仿真

项目分析

行人倒数计时显示器是行人专用交通标志。改进自原有立姿行人标志,主要分成上下方两个 LED 灯显示。上方是通知行人灯号即将变化的"读秒显示",下方则为七个动作组成的动画小绿人走动画面,如图 4.7 所示。本项目通过 8×8 LED 点阵屏模拟行人倒计时显示器的"倒计时"功能。

知识链接

一、LED 点阵屏的结构和分类

LED点阵屏通过LED（发光二极管）组成，以灯珠亮灭显示文字、图片、动画、视频等，是各部分组件都模块化的显示器件，通常由显示模块、控制系统及电源系统组成。LED点阵显示屏制作简单，安装方便，被广泛应用于各种公共场合，如汽车报站器、广告屏以及公告牌等。

LED点阵屏有单色、双色和全彩三类，可显示红、黄、绿、橙等颜色。LED点阵有4×4、4×8、5×7、5×8、8×8、16×16、24×24、40×40等多种大小；根据图素的数目分为单原色、双原色、三原色等。根据图素颜色的不同所显示的文字、图像等内容的颜色也不同，单原色点阵只能显示固定色彩如红、绿、黄等单色，双原色和三原色点阵显示内容的颜色由图素内不同颜色发光二极管点亮的组合方式决定，如红绿都亮时可显示黄色，假如按照脉冲方式控制二极管的点亮时间，则可实现256或更高级灰度显示，即可实现真彩色显示。

图4.7　LED 行人标志

16×16点阵显示屏学习板如图4.8所示，LED显示屏各点亮度均匀、充足，可显示图形和文字，通过文字图像取模软件获得数据码，可以显示各类图形或文字。稳定、清晰、无串扰，图形或文字显示有静止、移入移出等显示方式。

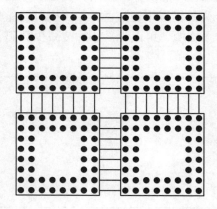
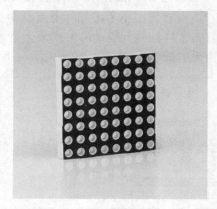

图4.8　点阵屏

二、LED 显示原理

以简单的8×8点阵为例，它共由64个发光二极管组成，且每个发光二极管是放置在行线和列线的交叉点上，当对应的某一行置1电平，某一列置0电平，则相应的二极管点亮；如要将第一个点点亮，则9引脚接高电平、13引脚接低电平，则第一个点点亮；如果要将第一行点亮，则第9引脚要接高电平，13、3、4、10、6、11、15、16引脚接低电平，那么第一行就会点亮；如要将第一列点亮，则第13引脚接低电平，9、14、8、12、1、7、2、5引脚接高电平，那么第一列就会点亮。

一般显示汉字是用16×16的点阵宋体字库，16×16是指每个汉字在纵、横各16点的区域内显示，即用四个8×8点阵组合成一个16×16的点阵。例如，要显示"你"，如果点阵在列线上是高电平有效，而在行线上是低电平有效，所以要显示"你"字，则它的位代码信息要取原码，即所有列（13~16引脚）送0x08和0x80，而第一行（9引脚）送0信号，延迟一段时间后再送1。再送第二行要显示的数据0x08和0x80，而第二行（14引脚）送0信号。依此类推，只要每行数据显示时间间隔够短，利用人眼的视觉暂留效应，送16次数据扫描完16行后就会看到一个"你"字；第二种送数据的方法是字模信号送到行线上再扫描列线也是同样的道理。同样以"你"字来说明，16行（9、14、8、12、1、7、2、5引脚）上送0x00和0x80，而第一列（13引脚）送"0"；同理扫描第二列。当行线上送了16次数据而列线扫描了16次后即可显示一个"你"字，如图4.9所示。

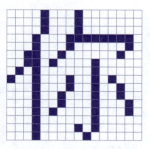

图 4.9 "你"点阵显示

三、LED 点阵屏的驱动

由LED点阵显示器的内部结构可知，器件宜采用动态扫描驱动方式工作，由于LED管芯大多为高型，因此某行或某列的单体 LED驱动电流可选用窄脉冲，但其平均电流应限制在20 mA内，多数点阵显示器的单体LED的正向压降约为2 V，但大亮点的点阵显示器单体 LED的正向压降约为6 V。

大屏幕显示系统一般由多个LED点阵组成的小模块以搭积木的方式组合而成，每个小模块都有自己独立的控制系统，组合在一起后只要引入一个总控制器控制各模块的命令和数据即可，这种方法简单且具有易装、易维修的特点。

LED点阵显示系统中各模块的显示方式有静态和动态显示两种。静态显示原理简单、控制方便，但硬件接线复杂，在实际应用中一般采用动态显示方式，动态显示采用扫描的方式工作，由峰值较大的窄脉冲驱动，从上到下逐次不断地对显示屏的各行进行选通，同时又向各列送出表示图形或文字信息的脉冲信号，反复循环以上操作，即可显示各种图形或文字信息。

 项目实现

一、原理图

在Proteus中搜索MATRIX可得8×8点阵屏，点阵屏的编码端口连接STM32的PA0~PA7端口，控制端口连接PB8~PB15端口，连接后倒计时器仿真电路原理图如图4.10所示。

二、参考程序

1. 点阵屏图片编码

针对数字1~9的8×8点阵屏图片，如果手动编写代码会占用大量时间。可以借助开源软件zimo221，单击"新建图像"按钮，弹出"新建的图像"对话框，在"宽度"和"高度"文本框中均输入"8"，单击"确定"按钮，如图4.11所示。在生成的点阵中，手动绘制出"0"的图案，然后单击右侧"取模方式"按钮，选择"C51格

式",在"点阵生成区"即可看到图案所对应的编码值,如图4.12所示。

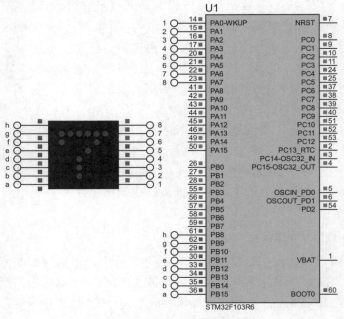

图 4.10 倒计时器仿真电路原理图

图 4.11 "新建的图像"对话框

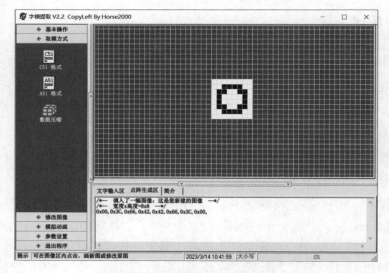

图 4.12 图案对应编码值

用同样的方法分别绘制出0~9的图形,将得到的编码保存到数组Table_OF_Digits[]中,保存后如下:

```
const unsigned char Table_OF_Digits[] =
{
    0x00,0x3C,0x66,0x42,0x42,0x66,0x3C,0x00,    //0
    0x00,0x08,0x38,0x08,0x08,0x08,0x3E,0x00,    //1
    0x00,0x3C,0x42,0x04,0x08,0x32,0x7E,0x00,    //2
    0x00,0x3C,0x42,0x1C,0x02,0x42,0x3C,0x00,    //3
    0x00,0x0C,0x14,0x24,0x44,0x3C,0x0C,0x00,    //4
    0x00,0x7E,0x40,0x7C,0x02,0x42,0x3C,0x00,    //5
    0x00,0x3C,0x40,0x7C,0x42,0x42,0x3C,0x00,    //6
    0x00,0x7E,0x44,0x08,0x10,0x10,0x10,0x00,    //7
    0x00,0x3C,0x42,0x24,0x5C,0x42,0x3C,0x00,    //8
    0x00,0x38,0x46,0x42,0x3E,0x06,0x3C,0x00,    //9
};
```

2. 编写倒计时程序

这里省略了延时函数,在主函数中定义三个控制变量,i是0~9的循环控制变量,控制码值中的列,j控制每个数字显示的时间,Num_Index显示行数。

```
int main(void)
{
    int i,Num_Index=9,j;
        //i是0~9的循环控制变量,j控制每个数字显示的时间,Num_Index显示行数
    GPIO_InitTypeDef  GPIO_InitStructure;
    RCC_APB2PeriphClockCmd(RCC_APB2Periph_GPIOB,ENABLE);
    GPIO_InitStructure.GPIO_Pin = 0xff00;
    GPIO_InitStructure.GPIO_Mode = GPIO_Mode_Out_PP;
    GPIO_InitStructure.GPIO_Speed = GPIO_Speed_50MHz;
    GPIO_Init(GPIOB,&GPIO_InitStructure);
    RCC_APB2PeriphClockCmd(RCC_APB2Periph_GPIOA,ENABLE);
    GPIO_InitStructure.GPIO_Pin = 0xff;
    GPIO_InitStructure.GPIO_Mode = GPIO_Mode_Out_PP;
    GPIO_InitStructure.GPIO_Speed = GPIO_Speed_50MHz;
    GPIO_Init(GPIOA,&GPIO_InitStructure);
    while(1)
    {
        for(i=0;i<=9;i++)
        {
            GPIO_Write(GPIOB,0x0100<<i);
            GPIO_Write(GPIOA,~Table_OF_Digits[Num_Index*8+i]);
                                            //输出对应的码值
            Delay(1);                       //短延时,视觉暂留
            j++;
```

```
                if(j==200)//j恒等于的值越大,数字显示的时间就越长
                {
                        j=0;
                        Num_Index--;
                        if(Num_Index<0)
                        Num_Index=9;
                }
        }
    }
}
```

项目总结

本项目通过8×8点阵屏模拟仿真了路口LED倒计时器的效果,也可通过编码软件自行绘图,在点阵屏上绘制图4.13所示的行人通过效果。

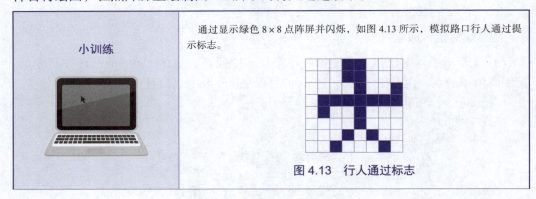

通过显示绿色8×8点阵屏并闪烁,如图4.13所示,模拟路口行人通过提示标志。

图4.13　行人通过标志

项目4.5　我能做:汽车油耗里程显示表模拟仿真

项目分析
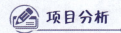

在某些汽车的中控台可以看到图4.14所示的字符和数字。其中第一行AVG.是average的缩写,含义是平均值。MPG是miles per gallon的缩写,即每加仑燃油可以行驶多少英里(1英里≈1.609 3 km,1加仑≈4.546 L)。MPG的数值越大,汽车的油耗越低,反之汽车的油耗越高。第二行ODO是odograph的缩写,表示汽车行驶的总里程。

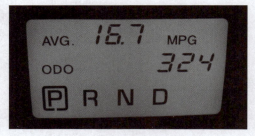

图4.14　汽车油耗里程显示表

里程数少意味着汽车易损件的损耗小。在本项目中通过LCD1602显示器将以上信息复现出来。

知识链接

一、1602 字符液晶显示器的认知

1602字符型液晶又称1602液晶，是一种专门用于显示字母、数字、符号等的点阵型液晶模块，能够同时显示16×2即32个字符。它是由字符型液晶显示屏（LCD）、控制驱动主电路HD44780及其扩展驱动电路HD44100，以及少量电阻、电容元件和结构件等装配在PCB板上组成的。不同厂家生产的LCD1602芯片可能有所不同，但使用方法都是一样的。为了降低成本，绝大多数制造商都直接将裸片焊到电路板上。

1602字符型液晶由若干个5×7或5×11点阵字符位组成，每个点阵字符位都可以显示一个字符，每位之间有一个点距的间隔，每行之间也有间隔，起到字符间距和行间距的作用，正因为如此所以它不能很好地显示图形，外观如图4.15所示。

图 4.15　1602 字符型液晶显示器

液晶模块和数码管相比，会显得更加专业、漂亮。液晶显示屏以其体积小、功耗低、显示内容丰富、使用方便等诸多优点，在电子设备、通信、家用电器、仪器仪表等低功耗应用系统中得到越来越广泛的应用，使得这些电子设备的人机界面变得越来越直观和形象，液晶模块现在已经广泛应用于液晶电视机、电子表、复印机、计算器、便携式计算机、掌上型电子玩具、传真机等方面。1602字符型液晶模块（带背光），是当前工控系统中使用最为广泛的液晶屏之一。

二、1602 字符液晶显示器引脚接口说明

1602字符型LCD通常有14或16条引脚线，如图4.16所示，16条时多出来的2条线是背光电源线。各引脚的功能见表4-5。

图 4.16　LCD1602 引脚

表 4-5　LCD 1602 引脚功能

引脚	符号	功能说明
1	VSS	一般接地
2	VCC	接电源（+5 V）
3	V0	液晶显示器对比度调整端，接正电源时对比度最弱，接地电源时对比度最高（对比度过高时会产生"虚影"，使用时可以通过一个 10 kΩ 的电位器调整对比度）
4	RS	RS 为寄存器选择，高电平（1）时选择数据寄存器，低电平（0）时选择指令寄存器
5	R/W	R/W 为读写信号线，高电平（1）时进行读操作，低电平（0）时进行写操作
6	E	E（或 EN）端为使能（enable）端，写操作时，下降沿使能；读操作时，E 表示高电平有效
7	DB0	低 4 位三态、双向数据总线 0 位（最低位）

续表

引脚	符号	功能说明
8	DB1	低 4 位三态、双向数据总线 1 位
9	DB2	低 4 位三态、双向数据总线 2 位
10	DB3	低 4 位三态、双向数据总线 3 位
11	DB4	高 4 位三态、双向数据总线 4 位
12	DB5	高 4 位三态、双向数据总线 5 位
13	DB6	高 4 位三态、双向数据总线 6 位
14	DB7	高 4 位三态、双向数据总线 7 位（最高位）（忙标志，busy flag）
15	BLA	背光电源正极
16	BLK	背光电源负极

三、1602 字符液晶显示器显示原理

LCD1602显示16×2字符的不同位置是通过显示地址寄存器配置的，见表4-6。例如，第二行第一个字符的地址是 40H，那么是否直接写入 40H 就可以将光标定位在第二行第一个字符的位置呢？这样不行，因为写入显示地址时要求最高位D7恒定为高电平（1），所以实际写入的数据应该是01000000B（40H）+10000000B（80H）=11000000B（C0H）。在对液晶模块进行初始化时要先设置其显示模式，在液晶模块显示字符时光标是自动右移的，无须人工干预。每次输入指令前都要判断液晶模块是否处于忙（busy）的状态。

表 4-6 1602 显示地址

显示字符	1	2	3	4	…	13	14	15	16
第一行地址	00H	01H	02H	03H		0CH	0DH	0EH	0FH
第二行地址	40H	41H	42H	43H		4CH	4DH	4EH	4FH

1602液晶模块内部的字符发生存储器（CGROM）已经存储了160个不同的点阵字符图形，这些字符有：阿拉伯数字、英文字母大小写、常用符号和日文假名等，每个字符都有一个固定代码，如大写英文字母A的代码是01000001B（41H），显示时模块把地址41H中的点阵字符图形显示出来，我们就能看到字母A。因为1602识别的是ASCII码，可以用ASCII码直接赋值，在单片机编程中还可以用字符型常量或变量赋值，如 'A'。

LCD1602通过D0~D7的8位数据端口传输数据和指令。内部的控制器共有11条控制指令，见表4-7。

表 4-7 LCD1602 控制指令

序号	指令	RS	R/W	D7	D6	D5	D4	D3	D2	D1	D0
1	清屏	0	0	0	0	0	0	0	0	0	1
2	光标复位	0	0	0	0	0	0	0	0	1	x

续表

序号	指令	RS	R/W	D7	D6	D5	D4	D3	D2	D1	D0
3	输入方式设置	0	0	0	0	0	0	0	1	I/D	S
4	显示开关控制	0	0	0	0	0	0	1	D	C	B
5	光标或字符移位控制	0	0	0	0	0	1	S/C	R/L	x	x
6	功能设置	0	0	0	0	1	DL	N	F	x	x
7	字符发生存储器地址设置	0	0	0	1	字符发生存储器地址					
8	数据存储器地址设置	0	0	1	显示数据存储器地址						
9	读忙标志或地址	0	1	BF	计数器地址						
10	写入数据至 CGRAM 或 DDRAM	1	0	要写入的数据内容							
11	从 CGRAM 或 DDRAM 中读取数据	1	1	读取的数据内容							

LCD1602液晶模块的读/写操作、显示屏和光标的操作都是通过指令编程实现的（其中，1为高电平，0为低电平），各指令的含义如下：

（1）指令1：清屏。指令码01H，光标复位并擦除所有的屏幕显示。

（2）指令2：光标复位。光标复位到地址00H。

（3）指令3：输入方式设置。其中，I/D表示光标的移动方向，高电平右移，低电平左移；S表示显示屏上所有文字是否左移或右移，高电平表示是，低电平表示否。

（4）指令4：显示开关控制。其中，D用于控制整体显示的开与关，高电平表示开显示，低电平表示关显示；C用于控制光标的开与关，高电平表示有光标，低电平表示无光标；B用于控制光标是否闪烁，高电平闪烁，低电平不闪烁。

（5）指令5：光标或字符移位控制。其中，S/C表示在高电平时移动显示的文字，低电平时移动光标。

（6）指令6：功能设置命令。其中，DL表示在高电平时为8位总线，低电平时为4位总线；N表示在低电平时为单行显示，高电平时双行显示；F表示在低电平时显示5×7的点阵字符，高电平时显示5×10的点阵字符。

（7）指令7：字符发生器RAM地址设置。

（8）指令8：DDRAM地址设置。

（9）指令9：读忙信号和光标地址。其中，BF为忙标志位，高电平表示忙，此时模块不能接收命令或数据，如果为低电平则表示不忙。

（10）指令10：写数据。

（11）指令11：读数据。

LCD1602与STM32的连接有两种方式，一种是直接控制方式，另一种是间接控制方式。它们的区别只是所用的数据线的数量不同，其他都一样。

1. 直接控制方式

LCD1602的八根数据线和三根控制线E、RS和R/W与单片机相连后即可正常工作。一般应用中只需向LCD1602中写入命令和数据，因此，可将LCD1602的R/W（读/写）选择控制端直接接地，这样可节省一根数据线。VO引脚是液晶对比度调试端，通常连接一个10 kΩ的电位器即可实现对比度的调整；也可采用将一个适当大小的电阻从该引脚接地的方法进行调整，不过电阻的大小应通过调试决定。

2. 间接控制方式

间接控制方式又称四线制工作方式，可利用HD44780所具有的4位数据总线功能将电路接口简化。为了减少接线数量，只采用引脚DB4~DB7与单片机进行通信，先传输数据或命令的高4位，再传低4位。采用四线并口通信，可以减少对微控制器I/O的需求，当设计产品过程中单片机的I/O资源紧张时，可以考虑使用此方法。

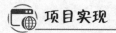 项目实现

一、原理图

Proteus中LCD1602查找LM016L，在引脚方面V_{DD}对应实际芯片的V_{CC}接电压源，V_{SS}接地，V_{EE}是液晶显示对比度调节电压输入，悬空即可。数据端D0~D7连接PB0~PB7，读写控制和使能分别接PB10~PB12端口，油耗里程显示表仿真电路原理图如图4.17所示。

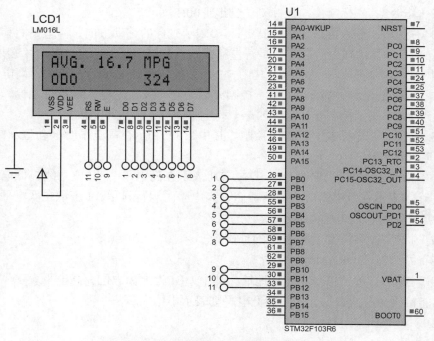

图4.17 油耗里程显示表仿真电路原理图

二、参考程序

在主函数中调用bsp-lcd1602.h和bsp-lcd1602.c应用函数。其中bsp-lcd1602.h放在"项目文件夹\STM32F10x_FWLib\inc"路径下，bsp-lcd1602.c放在USER下，然后按照"项目2.1我能做：新建一个STM32项目模拟仿真模板"的方法将bsp-lcd1602.c加入项目文件中，即可调用其中的函数。也可以在项目根目录下新建文件夹单独放置这类文件，挑选自己熟悉的文件管理方法进行配置。

小提示	功能性应用函数的调用
	在 STM32 项目开发中，经常需要调用厂家或网上下载的功能性函数。这些函数的扩展名一般为 .c 和 .h，如本项目中调用的 bsp-lcd1602.h 和 bsp-lcd1602.c，需要配置好项目文件系统才能调用其中编写好的函数，使这些函数更好地为自己服务。

bsp-lcd1602.h代码如下，进行了一些宏定义。

```c
#ifndef _BSP_LCD1602_H
#define _BSP_LCD1602_H

#include "stm32f10x.h"
#include "stm32f10x_gpio.h"
#include "bsp_SysTick.h"

#define LCD1602_CLK    RCC_APB2Periph_GPIOB

#define LCD1602_GPIO_PORT   GPIOB

#define LCD1602_E     GPIO_Pin_10         //定义使能引脚
#define LCD1602_RW    GPIO_Pin_11         //定义读写引脚
#define LCD1602_RS    GPIO_Pin_12         //定义数据、命名引脚

#define EO(X) X? (GPIO_SetBits(LCD1602_GPIO_PORT,LCD1602_E)):
              (GPIO_ResetBits(LCD1602_GPIO_PORT,LCD1602_E))
#define RWO(X) X? (GPIO_SetBits(LCD1602_GPIO_PORT,LCD1602_RW)):
              (GPIO_ResetBits(LCD1602_GPIO_PORT,LCD1602_RW))
#define RSO(X) X? (GPIO_SetBits(LCD1602_GPIO_PORT,LCD1602_RS)):
              (GPIO_ResetBits(LCD1602_GPIO_PORT,LCD1602_RS))

//只能是某个GPIO端口的低8位
#define DB0      GPIO_Pin_0
#define DB1      GPIO_Pin_1
#define DB2      GPIO_Pin_2
#define DB3      GPIO_Pin_3
#define DB4      GPIO_Pin_4
#define DB5      GPIO_Pin_5
#define DB6      GPIO_Pin_6
#define DB7      GPIO_Pin_7

void LCD1602_Init(void);                           //初始化LCD602
void LCD1602_ShowStr(uint8_t x,uint8_t y,uint8_t *str,uint8_t len);

#endif
```

由于 bsp-lcd1602.c 代码量较大,以下不全部列出,只列出需要调用的函数,具体代码功能可从注释查阅。

LCD1602_GPIO_Config()函数配置I/O接口。

```c
void LCD1602_GPIO_Config(void)           //IO初始化
{
    RCC_APB2PeriphClockCmd(LCD1602_CLK,ENABLE);
    GPIO_InitTypeDef LCD1602_GPIOStruct;
    LCD1602_GPIOStruct.GPIO_Mode = GPIO_Mode_Out_PP;
    LCD1602_GPIOStruct.GPIO_Speed = GPIO_Speed_10MHz;
    LCD1602_GPIOStruct.GPIO_Pin = LCD1602_E | LCD1602_RS | LCD1602_RW ;
    GPIO_Init(LCD1602_GPIO_PORT,&LCD1602_GPIOStruct);
    LCD1602_GPIOStruct.GPIO_Mode = GPIO_Mode_Out_OD;
    LCD1602_GPIOStruct.GPIO_Pin = DB0 |DB1 | DB2 |DB3 |DB4 | DB5|DB6 |DB7;
    GPIO_Init(LCD1602_GPIO_PORT,&LCD1602_GPIOStruct);
}
```

LCD1602_Init()配置1602初始化。

```c
void LCD1602_Init(void)                  //1602初始化
{
    LCD1602_GPIO_Config();               //开启GPIO端口
    LCD1602_WriteCmd(0X38);              //16×2显示,5×7点阵,8位数据接口
    LCD1602_WriteCmd(0x0C);              //显示器开,光标关闭
    LCD1602_WriteCmd(0x06);              //文字不动,地址自动+1
    LCD1602_WriteCmd(0x01);              //清屏
}
```

LCD1602_ShowStr()函数显示一串字符。

```c
void LCD1602_ShowStr(uint8_t x,uint8_t y,uint8_t *str,uint8_t len)
//驱动1602显示字符串,其中,x表示行坐标,y表示列坐标,str表示字符串(需要用双引号
  表示)len表示字符个数
{
    LCD1602_SetCursor(x,y);              //设置起始地址
    while (len--)                        //连续写入len个字符数据
    {
        LCD1602_WriteDat(*str++);
    }
}
```

主函数实现信息显示。

```c
int main(void)
{
    int i;
    LCD1602_Init();                      //1602初始化
    LCD1602_ShowStr(0,0,"AVG. 16.7 MPG",13);
```

```
        LCD1602_ShowStr(0,1,"ODO       324",13);
        while(1)
        {
        }
}
```

项目总结

本项目通过 LCD1602 实现汽车油耗里程显示表的模拟仿真显示，熟悉 LCD1602 液晶显示器的驱动方法和显示方法。需要注意的是，这里实现的是常量显示，即显示数字不会变化。如果想显示一个实时变化的数字，需要查阅 bsp-lcd1602.c 功能，看看哪个函数能实现变量显示的功能。

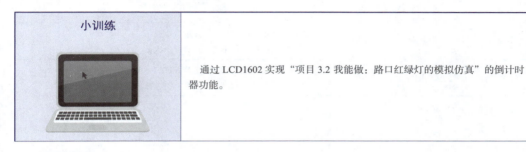

小训练

通过 LCD1602 实现"项目 3.2 我能做：路口红绿灯的模拟仿真"的倒计时器功能。

项目 4.6　我能学：交通标志显示器模拟仿真

项目分析

交通标志是用文字或符号传递引导、限制、警告或指示信息的道路设施，又称道路标志、道路交通标志。安全、设置醒目、清晰、明亮的交通标志是实施交通管理，保证道路交通安全、顺畅的重要措施。BMP（bitmap）图形文件是 Windows 采用的图形文件格式，在 Windows 环境下运行的所有图像处理软件都支持 BMP 图像文件格式。Windows 系统内部各图像绘制操作都是以 BMP 为基础的。这种格式的特点是包含的图像信息较丰富，几乎不进行压缩。按照像素深度分类可以分为：1 位图（2 色）、4 位图（16 色）、8 位图（256 色）等。本项目使用 12864 液晶显示屏显示任意 1 位图的交通标志，实现交通标志显示器的模拟仿真。

知识链接

一、12864 液晶显示器简介

12864 是一种图形点阵液晶显示器，主要由行/列驱动器及 128×64 全点阵液晶显示器组成。可完成图形显示，或显示 8×4 个（16×16 点阵）汉字。它的外观如图 4.18 所示。该点阵的屏显成本相对较低，适用于各类仪器和小型设备的显示领域。

图 4.18　12864 液晶显示器

LCD12864模块不仅可以显示字符、数字，还可以显示各种图形、曲线及汉字，并且可以实现屏幕上下左右滚动、动画、分区开窗口、反转、闪烁等功能，其原理是控制LCD12864点阵中点的亮暗，按一定规律可以组成汉字、图形和曲线等。

二、12864 液晶显示器引脚接口说明

LCD12864采用标准的20脚接口，各引脚功能见表4-8。

表 4-8 12864 引脚功能

引脚号	引脚名称	电平	引脚功能描述
1	VSS	0 V	电源地
2	VCC	3~5 V	电源正
3	V0	—	对比度（亮度）调整
4	RS(CS)	H/L	RS=H 表示 DB7~DB0 为显示数据 RS=L 表示 DB7~DB0 为显示指令数据
5	R/W(SID)	H/L	R/W=H，E=H 时，数据被读到 DB7~DB0 R/W=L，E=H→L 时，DB7~DB0 的数据被写到 IR 或 DR
6	E(SCLK)	H/L	使能信号
7	DB0	H/L	三态数据线
8	DB1	H/L	三态数据线
9	DB2	H/L	三态数据线
10	DB3	H/L	三态数据线
11	DB4	H/L	三态数据线
12	DB5	H/L	三态数据线
13	DB6	H/L	三态数据线
14	DB7	H/L	三态数据线
15	PSB	H/L	H：8 位或 4 位并口方式；L：串口方式
16	NC		空脚
17	$\overline{RESET}$	H/L	复位端，低电平有效
18	VOUT	—	LCD 驱动电压输出端
19	A	VDD	背光源正端（+5 V）
20	K	VSS	背光源负端

三、12864 液晶显示器指令系统简介

在使用12864LCD前必须了解以下功能器件才能进行编程。12864内部功能器件及相关功能如下：

（1）指令寄存器（IR）。IR用于寄存指令码，与数据寄存器数据相对应。当RS=0

时，在E信号下降沿的作用下，指令码写入IR。

（2）数据寄存器（DR）。DR用于寄存数据，与指令寄存器寄存指令相对应。当RS=1时，在下降沿作用下，图形显示数据写入DR，或在E信号高电平作用下由DR读到DB7~DB0数据总线。DR和DDRAM之间的数据传输是模块内部自动执行的。

（3）忙标志（BF）。BF标志提供内部工作情况。BF=1表示模块在内部操作，此时模块不接受外部指令和数据；BF=0时，模块为准备状态，随时可接受外部指令和数据。利用STATUS READ指令，可以将BF读到DB7总线，从检验模块得知工作状态。

（4）显示控制触发器（DFF）。此触发器用于模块屏幕显示开和关的控制。DFF=1为开显示（DISPLAY ON），DDRAM的内容显示在屏幕上；DFF=0为关显示（DISPLAY OFF）。DDF的状态由指令DISPLAY ON/OFF和RST信号控制。

（5）XY地址计数器。XY地址计数器是一个9位计数器。高3位是X地址计数器，低6位为Y地址计数器，XY地址计数器实际上是DDRAM的地址指针，X地址计数器为DDRAM的页指针，Y地址计数器为DDRAM的Y地址指针。X地址计数器没有记数功能，只能用指令设置。Y地址计数器具有循环记数功能，各显示数据写入后，Y地址自动加1，Y地址指针范围为0~63。

（6）显示数据RAM（DDRAM）。DDRAM的作用是存储图形显示数据。数据为1表示显示选择，数据为0表示显示非选择。

（7）Z地址计数器。Z地址计数器是一个6位计数器，具备循环记数功能，用于显示行扫描同步。当一行扫描完成，此地址计数器自动加1，指向下一行扫描数据，RST复位后Z地址计数器为0。Z地址计数器可以用指令DISPLAY START LINE预置。因此，显示屏幕的起始行由此指令控制，即DDRAM的数据从哪一行开始就显示在屏幕的第一行。此模块的DDRAM共64行，屏幕可以循环滚动显示64行。

模块控制芯片提供两套控制命令：基本指令和扩充指令，见表4-9和表4-10。

表4-9　12864基本指令

指令	指令码									功　能
	RS	R/W	D7	D6	D5	D4	D3	D2	D1	D0	
清除显示	0	0	0	0	0	0	0	0	0	1	将DDRAM填满20H，并且设定DDRAM的地址计数器（AC）到00H
地址归位	0	0	0	0	0	0	0	0	1	X	设定DDRAM的地址计数器（AC）到00H，并且将游标移到开头原点位置；这个指令不改变DDRAM的内容
显示状态开/关	0	0	0	0	0	0	1	D	C	B	D=1：整体显示；ONC=1：游标ON；B=1：游标位置反白允许
进入点设定	0	0	0	0	0	0	0	1	I/D	S	指定在数据的读取与写入时，设定游标的移动方向及指定显示的移位
游标或显示移位控制	0	0	0	0	0	1	S/C	R/L	X	X	设定游标的移动与显示的移位控制位；这个指令不改变DDRAM的内容

续表

指令	指令码									功能
	RS	R/W	D7	D6	D5	D4	D3	D2	D1	D0	
功能设定	0	0	0	0	1	DL	X	RE	X	X	DL=0/1：4/8 位数据；RE=1：扩充指令操作；RE=0：基本指令操作
设定 CGRAM 地址	0	0	0	1	AC5	AC4	AC3	AC2	AC1	AC0	设定 CGRAM 地址
设定 DDRAM 地址	0	0	1	0	AC5	AC4	AC3	AC2	AC1	AC0	设定 DDRAM 地址（显示位址）第一行：80H~87H，第二行：90H~97H
读取忙标志和地址	0	1	BF	AC6	AC5	AC4	AC3	AC2	AC1	AC0	读取忙标志（BF）可以确认内部动作是否完成，同时可以读出地址计数器（AC）的值
写数据到 RAM	1	0	数据								将数据 D7~D0 写入内部的 RAM（DDRAM/CGRAM/IRAM/GRAM）
读出 RAM 的值	1	1	数据								从内部 RAM 读取数据 D7~D0（DDRAM/CGRAM/IRAM/GRAM）

表 4-10 12864 扩充指令

指令	指令码									功能
	RS	R/W	D7	D6	D5	D4	D3	D2	D1	D0	
待命模式	0	0	0	0	0	0	0	0	0	1	进入待命模式，执行其他指令都可终止待命模式
卷动地址开关开启	0	0	0	0	0	0	0	0	1	SR	SR=1：允许输入垂直卷动地址；SR=0：允许输入 IRAM 和 CGRAM 地址
反白选择	0	0	0	0	0	0	0	1	R1	R0	选择四行中的任一行作反白显示，并可决定反白与否。初始值 R1R0=00，第一次设定为反白显示，再次设定变回正常
睡眠模式	0	0	0	0	0	0	1	SL	X	X	SL=0：进入睡眠模式；SL=1：脱离睡眠模式
扩充功能设定	0	0	0	0	1	CL	X	RE	G	0	CL=0/1：4/8 位数据；RE=1：扩充指令操作；RE=0：基本指令操作；G=1/0：绘图开关
设定绘图 RAM 地址	0	0	1	0AC6	0AC5	0AC4	AC3AC3	AC2AC2	AC1AC1	AC0AC0	设定 CGRAM 地址到地址计数器（AC）

四、12864 液晶显示器驱动流程

1. 使用前准备

先给模块加上工作电压，再通过滑动变阻器调整输入电压V_0的大小，从而调节 LCD 的对比度，使其显示出黑色的底影。此过程也可以初步检测 LCD 有无缺段现象。

2. 字符显示

带中文字库的12864-0402B每屏可显示4行8列共32个16×16点阵的汉字，每个显示RAM可显示1个中文字符或2个16×8点阵全高ASCII码字符，即每屏最多可显示32个中文字符或64个ASCII码字符。12864-0402 B内部提供128×2 B的字符显示RAM缓冲区（DDRAM）。字符显示是通过将字符显示编码写入该字符显示RAM实现的。根据写入内容的不同，可分别在液晶屏上显示CGROM（中文字库）、HCGROM（ASCII码字库）及CGRAM（自定义字形）的内容。三种不同字符/字型的选择编码范围为：0000~0006H（其代码分别是0000、0002、0004、0006）显示自定义字型，02H~7FH显示半宽ASCII码字符，A1A0H~F7FFH显示8 192种GB 2312中文字库字形。字符显示RAM在液晶模块中的地址80H~9FH。字符显示的RAM的地址与32个字符显示区域有着一一对应的关系，其对应关系见表4-11。

表4-11　12864 字符显示地址

	行1	行2	行3	行4
列1	80H	80H	80H	80H
列2	81H	81H	81H	81H
列3	82H	82H	82H	82H
列4	83H	83H	83H	83H
列5	84H	84H	84H	84H
列6	85H	85H	85H	85H
列7	86H	86H	86H	86H
列8	87H	87H	87H	87H

用带中文字库的12864显示模块时应注意以下几点：

（1）需要在某一个位置显示中文字符时，应先设定显示字符位置，即先设定显示地址，再写入中文字符编码。

（2）显示ASCII字符过程与显示中文字符过程相同。不过在显示连续字符时，只需设定一次显示地址，由模块自动对地址加1指向下一个字符位置，否则，显示的字符中将会有一个空ASCII字符位置。

（3）当字符编码为2 B时，应先写入高位字节，再写入低位字节。

（4）模块在接收指令前，必须先向处理器确认模块内部处于非忙状态，即读取BF标志时BF须为"0"，方可接受新的指令。如果在送出一个指令前不检查BF标志，则在前一个指令和这个指令中间必须延迟一段较长的时间，即等待前一个指令确定执行完成。

（5）RE为基本指令集与扩充指令集的选择控制位。当变更RE后，以后的指令集将维持在最后的状态，除非再次变更RE位，否则使用相同指令集时，无须每次均重设RE位。

3. 图形显示

在使用绘图功能时，先要打开扩充指令集，然后再打开绘图功能，最后送数据显示。12864的坐标编码如图4.19所示。

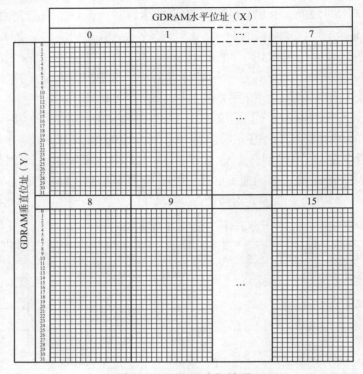

图 4.19　12864 坐标编码

绘图显示RAM提供128×8 B的记忆空间，在更改绘图RAM时，先连续写入水平与垂直的坐标值，再写入2 B的数据到绘图RAM，而地址计数器（AC）会自动加1；在写入绘图RAM期间，绘图显示必须关闭，完整写入绘图RAM的步骤如下：

（1）关闭绘图显示功能。
（2）先将水平的坐标（X）写入绘图RAM地址。
（3）再将垂直的坐标（Y）写入绘图RAM地址。
（4）将D15~D8写入RAM中。
（5）将D7~D0写入RAM中。
（6）打开绘图显示功能。

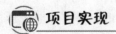 项目实现

一、原理图

在Proteus中搜索AMPIRE128X64可以找到12864液晶显示器，将其放置到画幅中。需要注意的是在Protues中，AMPIRE12864并没有带中文字库，因此要借助开源的取模软件生成图形或者文字代码。另外，AMPIRE12864引脚与实际使用的12864引脚位置不同，如图4.20所示进行跳线，同时对数据口DB0~DB7连接一个10 kΩ的上拉电阻。

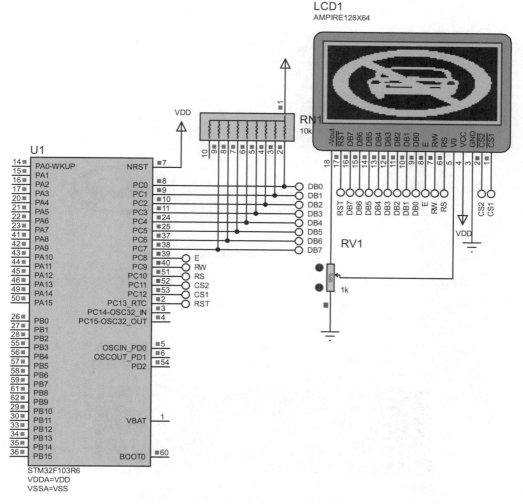

图 4.20　交通标志显示器仿真的电路原理图

二、参考程序

1. 生成位图

以禁止机动车驶入标志为例，首先下载原图，如图4.21（a）所示。由于一般图片下载后质量较高，需要在尽量不损失画质的前提下将其转换为128×64像素的BMP图片。方法是用Windows自带的画图软件打开原图，单击"重新调整大小"按钮，弹出"调整大小和扭曲"对话框，如图4.21（b）所示，在"重新调整大小"区域选中"像素"单选按钮，在"水平"文本框中输入"128"，在"垂直"文本框中输入"64"，取消勾选"保持纵横比"复选框，单击"确定"按钮，另存为"单色位图"，即可得到调整后图片如图4.21（c）所示。

2. 生成图片代码

借助开源软件PCtoLCD2002可将图片进行编码。PCtoLCD2002是一款专业的取字模软件，采用C语言和汇编语言两种格式，支持逐行、逐列、行列、列行四种取模方式，还可以选择字体、大小、文字的长宽，自动生成字符或者图片的编码。

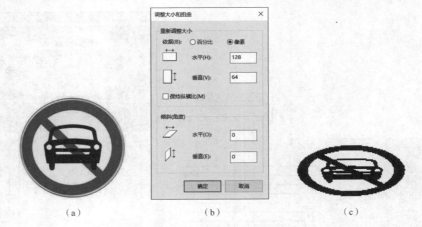

图 4.21　交通标志压缩

下载软件后打开，单击"打开一个BMP图像"按钮，找到刚刚生成的单色位图，即可看到图片以像素的形式载入软件中，如图4.22所示。

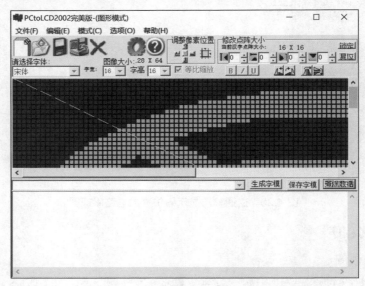

图 4.22　载入图片

在生成代码前，需要设置字模选项。单击齿轮图标"字模选项"按钮，弹出"字模选项"对话框，选中"阳码""列行式"单选按钮，在"点阵"和"索引"下拉列表框中分别选择"64"和"16"，即64列16行，在"自定义格式"下拉列表框中选择"C51格式"后就能在取模演示中看到当前设置所对应的动画，如图4.23所示，设置完毕后单击"确定"按钮。

完成以上设置，回到主界面，单击"生成字模"按钮，可以看到在字模区生成图片对应的代码，如图4.24所示。单击"保存字模"按钮以文本的形式将代码保存下来，留做下一步的程序调用。

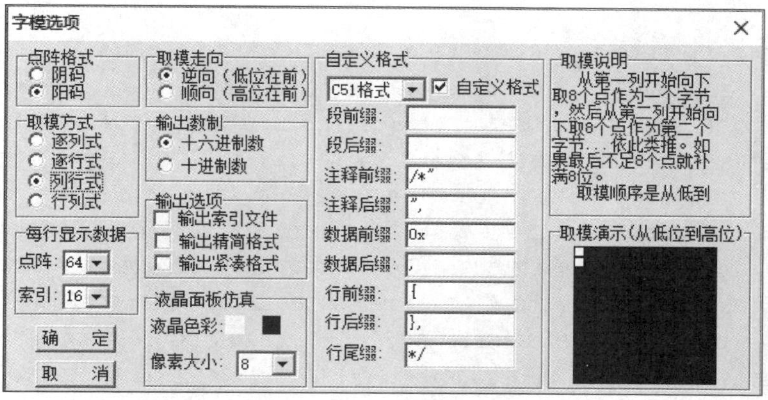

专题四 STM32外设驱动设计

图 4.23 修改字模选项

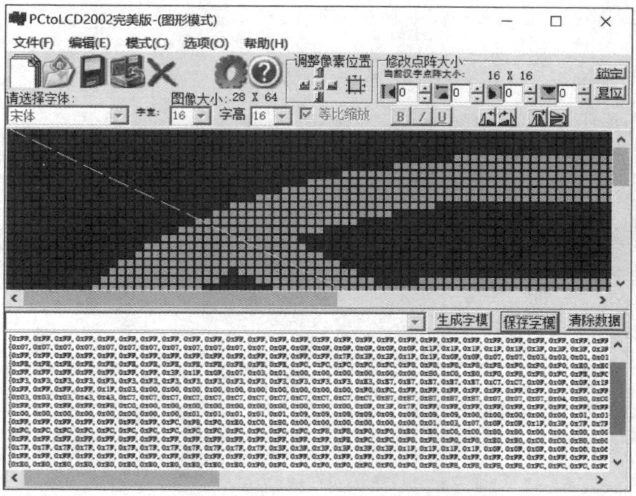

图 4.24 生成字模

3. 编写代码

lcd.h进行的宏定义如下：

```
#ifndef _LCD_H
#define _LCD_H
#include "stm32f10x.h"
#include "word.h"
#define LCD12864_GPIO GPIOC
#define LCD12864_Periph RCC_APB2Periph_GPIOC
#define LCD12864_E_GPIO GPIO_Pin_8
#define LCD12864_RW_GPIO GPIO_Pin_9
#define LCD12864_RS_GPIO GPIO_Pin_10
#define LCD12864_CS2_GPIO GPIO_Pin_11
#define LCD12864_CS1_GPIO GPIO_Pin_12
#define LCD12864_RES_GPIO GPIO_Pin_13
#define LCD12864_DATA_GPIO GPIO_Pin_0|GPIO_Pin_1| GPIO_Pin_2| GPIO_Pin_3
```

```c
                                            |GPIO_Pin_4|
GPIO_Pin_5| GPIO_Pin_6|GPIO_Pin_7
#define LCD12864_RES_0 GPIO_ResetBits(LCD12864_GPIO,LCD12864_RES_GPIO)
#define LCD12864_RES_1 GPIO_SetBits(LCD12864_GPIO,LCD12864_RES_GPIO)
#define LCD12864_E_0 GPIO_ResetBits(LCD12864_GPIO,LCD12864_E_GPIO)
#define LCD12864_E_1 GPIO_SetBits(LCD12864_GPIO,LCD12864_E_GPIO)
#define LCD12864_RW_W GPIO_ResetBits(LCD12864_GPIO,LCD12864_RW_GPIO)
#define LCD12864_RW_R GPIO_SetBits(LCD12864_GPIO,LCD12864_RW_GPIO)
#define LCD12864_RS_CMD GPIO_ResetBits(LCD12864_GPIO,LCD12864_RS_GPIO)
#define LCD12864_RS_DATA GPIO_SetBits(LCD12864_GPIO,LCD12864_RS_GPIO)
#define LCD12864_CS1_ON GPIO_ResetBits(LCD12864_GPIO,LCD12864_CS1_GPIO)
#define LCD12864_CS1_OFF GPIO_SetBits(LCD12864_GPIO,LCD12864_CS1_GPIO)
#define LCD12864_CS2_ON GPIO_ResetBits(LCD12864_GPIO,LCD12864_CS2_GPIO)
#define LCD12864_CS2_OFF GPIO_SetBits(LCD12864_GPIO,LCD12864_CS2_GPIO)
//开启或关闭
#define ON   1
#define OFF  0
//LCD命令
#define CMD_DIS_ON     0X3F
#define CMD_DIS_OFF    0X3E
#define CMD_BUSY       0X80
#define CMD_COLUNM     0XC0
#define CMD_LINE       0X40
#define CMD_PAGE       0XB8
//显示屏幕选择
#define DIS_NONE   0
#define DIS_LEFT   1
#define DIS_RIGHT  2
#define DIS_ALL    3
//尺寸
#define SMALL   1
#define MIDDLE  2
#define LONG    3
//方向选择
#define UP    1
#define DOWN  2
//内部处理函数
void LCD_CMD_DIS(u8 Switch);              //开关函数
void LCD_CMD_COLUNM(u8 Colunm);           //指定初始行
void LCD_CMD_Line(u8 Line);               //写入列
void LCD_CMD_COLUNM(u8 Colunm);           //写入页
void LCD_INITIAL_COLUNM(u8 Colunm);       //初始行
void LCD_DATA_WRIRE(u8 data);             //写入一位数据
void LCD_CMD_PAGE(u8 Page);               //初始页
```

```
                                        //外部调用函数
void LCD_Init(void);                    //初始化
void LCD_DIS_Char(u8 row,u8 col,u8* data,int size);      //显示字符
void LCD_MODE_ROLL(u8 path,u8 step,u8 direction,u16 delay);
                                        //滚动模式
void LCD_DIS_Number(u8 row,u8 col,float num,int size);   //显示数字
void LCD_CLEAR_COL(u8 row);             //清零一行
void LCD_CLEAR_ALL(void);               //清屏
void LCD_DIS_WORD(u8 row,u8 col,u8* data,int size);      //写字
void LCD_DIS_PICTURE(void);             //显示图片
#endif
```

12864初始化函数:

```
void LCD_Init(void)                     //LCD初始化
{
    LCD_GPIO_Config();                  //I/O接口初始化,代码如下可查
    LCD_FUNCTION_Config();              //12864使能,代码如下可查
    LCD12864_RES_0;
    delay_ms(10);
    LCD12864_RES_1;
    delay_ms(50);
    LCD_CMD_DIS(ON);                    //显示
    LCD_INITIAL_COLUNM(INITIAL_COLUNM); //设定起始行
}
```

STM32的I/O接口初始化函数:

```
void LCD_GPIO_Config(void)
{
    GPIO_InitTypeDef LCD_Struct;
    RCC_APB2PeriphClockCmd(LCD12864_Periph,ENABLE);
    LCD_Struct.GPIO_Mode = GPIO_Mode_Out_OD;
    LCD_Struct.GPIO_Speed = GPIO_Speed_50MHz;
    LCD_Struct.GPIO_Pin = LCD12864_DATA_GPIO;
    GPIO_Init(LCD12864_GPIO,&LCD_Struct);
}
```

12864使能:

```
void LCD_FUNCTION_Config(void)
{
    GPIO_InitTypeDef LCD_Struct;
    RCC_APB2PeriphClockCmd(LCD12864_Periph,ENABLE);
    LCD_Struct.GPIO_Mode = GPIO_Mode_Out_PP;
    LCD_Struct.GPIO_Speed = GPIO_Speed_50MHz;
    LCD_Struct.GPIO_Pin = LCD12864_RES_GPIO;
```

```
    GPIO_Init(LCD12864_GPIO,&LCD_Struct);
    LCD_Struct.GPIO_Pin = LCD12864_E_GPIO;
    GPIO_Init(LCD12864_GPIO,&LCD_Struct);
    LCD_Struct.GPIO_Pin = LCD12864_RS_GPIO;
    GPIO_Init(LCD12864_GPIO,&LCD_Struct);
    LCD_Struct.GPIO_Pin = LCD12864_RW_GPIO;
    GPIO_Init(LCD12864_GPIO,&LCD_Struct);
    LCD_Struct.GPIO_Pin = LCD12864_CS1_GPIO;
    GPIO_Init(LCD12864_GPIO,&LCD_Struct);
    LCD_Struct.GPIO_Pin = LCD12864_CS2_GPIO;
    GPIO_Init(LCD12864_GPIO,&LCD_Struct);
}
```

开始或关闭显示屏显示功能：

```
void LCD_CMD_DIS(u8 Switch)
{
    LCD_CMD_BUSY();
    LCD12864_RS_CMD;
    LCD12864_RW_W;
    LCD12864_E_1;
    if(Switch)
        LCD_GPIO_MASK(CMD_DIS_ON);
    else
        LCD_GPIO_MASK(CMD_DIS_OFF);
    delay_us(2);
    LCD12864_E_0;
}
```

设定起始行，Colunm设定0~63。

```
void LCD_INITIAL_COLUNM(u8 Colunm)
{
    Colunm%=64;
    Colunm =64-Colunm;
    LCD_CMD_BUSY();
    LCD12864_RS_CMD;
    LCD12864_RW_W;
    LCD12864_E_1;
    Colunm = CMD_COLUNM|Colunm;
    LCD_GPIO_MASK(Colunm);
    delay_us(2);
    LCD12864_E_0;
}
```

图片显示，尺寸128×64，将上文生成的图片代码存储到数组BMP_TEST[16][64]中。

```
void LCD_DIS_PICTURE(void)
```

```
{
    u8 row;
    u8 col;
    for(row=0;row<8;row++)
    {
        LCD_CMD_Line(0);
        LCD_CMD_COLUNM(row);
        for(col=0;col<128;col++)
        {
            if(col==64)
            {
                LCD_CMD_Line(64);
                LCD_CMD_COLUNM(row);
            }
            if(col<64)
            {
                LCD_DATA_WRIRE(BMP_TEST[row*2][col]);
            }
            else if(col>=64)
            {
                LCD_DATA_WRIRE(BMP_TEST[row*2+1][col-64]);
            }
        }
    }
}
```

在主函数中调用初始化函数和绘图函数即可。

```
int main(void)
{
    LCD_Init();
        LCD_DIS_PICTURE();
        while(1);
}
```

项目总结

本项目实现了 12864 显示屏显示 BMP 格式的交通标志，主要训练对于 12864 图片显示的应用，当然除了具体的图片以外，12864 也可实现文字和任意自己画的图片显示。

小训练

通过 12864 实现尺寸可选的文字、图片的显示功能。

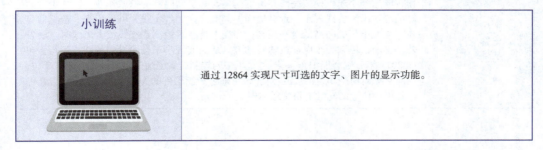

专题五　STM32 按键与中断设计

 教学导航

中断技术是STM32的核心技术之一，也是STM32学习过程中遇到的第一个重点和难点。本专题在STM32 I/O接口设计和编程的基础上，继续引入按键控制、矩阵键盘的配置和读取以及外部中断的控制，模拟仿真实现了多功能按键灯、矩阵键盘、工厂计件器、汽车报警器等功能，训练对常用外设器件的设计、运行和调试技能。

项目内容	多功能按键灯的模拟仿真 矩阵键盘的模拟仿真 基于查询和中断方式的工厂计数器的模拟仿真 汽车报警器的模拟仿真
能力目标	能够设计按键电路，编程实现软件消抖 能够利用 GPIO 的库函数编程，实现多个流水灯显示不同的流水效果 能够配置矩阵键盘的编码与解码，将按键的值显示出来 能够配置 STM32 中断优先级管理器 能够配置 STM32 外部中断初始化，读取电平变化
知识目标	了解按键电路的设计方法 了解按键识别和软硬件消除按键抖动的设计方法 能够使用矩阵键盘，实现矩阵键盘的编码和解码 能够配置 STM32 中断优先级管理器 能够使用 STM32 的外部中断，实现按键的识别与控制
重点和难点	配置 STM32 外部中断初始化，读取对应 I/O 接口的电平变化，触发外部中断子函数
学时建议	12 学时
项目开发环境	Proteus 仿真软件、STM32 硬件开发板
电赛应用	在 2021 年全国大学生电子设计竞赛 F 题智能送药小车任务中，要求设计并制作智能送药小车，模拟完成在医院药房与病房间药品的送取作业。院区走廊两侧的墙体由黑实线表示，走廊地面上画有居中的红实线。可采用光电传感器寻线，类似于开关的高低电平控制，当光电传感器检测到红线或者黑线时，触发外部中断，控制小车电动机的转动方式从而实现小车按照设定的路线运行。再如 2017 年 L 题智能泊车系统，停车场中的控制装置能通过键盘设定一个空车位，同时点亮对应空车位的 LED 灯，也可通过控制器件的外部中断，读取放置在停车位中心位置的光敏电阻状态实现

项目 5.1　跟着做：多功能汽车迎宾灯（流水灯）的模拟仿真

项目分析

以"项目3.4 我能做：汽车迎宾灯（流水灯）的模拟仿真"为基础，设计多个按键控制的不同迎宾灯（流水灯）效果。

知识链接

一、独立按键的基本原理

假如把一个STM32嵌入式系统比做一个人的话，那么STM32就相当于人的心脏和大脑，而输入接口就像人的感官系统，用于获取外部世界的变化、状态等各种信息，并把这些信息输送进人的大脑。嵌入式系统的人机交互通道、前向通道、数据交换和通信通道的各种功能都是由STM32的输入接口及相应的外围接口电路实现的。

对于一个电子系统来讲，外部现实世界中各种变化和状态都需要一个变换器将其转换成电信号，而且这个电信号有时还需要经过处理，使其成为能被STM32识别和处理的数字逻辑信号，这是因为单片机常用的输入接口通常都是数字接口（A/D接口，模拟比较器除外，它们属于模拟输入口，是在芯片内部将模拟信号转换成数字信号的）。

STM32 I/O接口的逻辑是数字逻辑电平，即以电压的高和低作为逻辑"1"和"0"，因此进入单片机的信号要求是电压信号。这些电压信号又可分为单次信号和连续信号。

间隔时间较长且单次产生的脉冲信号，以及较长时间保持电平不变化的信号称为单次信号。常见的单次信号一般是由按键、限位开关等人为动作或机械器件产生的信号。而连续信号一般指连续的脉冲信号，如计数脉冲信号，数据通信传输等。

按键本质上是机械开关，具有闭合和断开两种状态，通常按键按下时开关闭合，按键释放时开关断开。键盘由一组按键的组合构成。按键与STM32的接口电路设计思路是用按键的按下与否影响STM32的引脚状态，这样单片机就可以通过读取引脚状态判断按键的状态，达到输入信息的目的。按键开关主要是指轻触式按键开关，又称轻触开关。使用时向开关操作方向施压，开关闭合接通，当撤销压力时开关即断开，其内部结构是靠金属弹片受力变化实现通断。主要由嵌件、基座、弹片、按钮和盖板组成。

二、按键的分类和基本接法

按键开关根据结构的不同分成两大类：

（1）利用金属簧片作为开关接触片的称为金属按键开关，这种开关接触电阻小，手感好，有"滴答"清脆声，外观如图5.1所示。

（2）利用导电橡胶作为接触通路的开关称为导电橡胶开关。这种开关手感好，但接触电阻大，一般在100~300 Ω。按键开关的结构是靠按键向下移动，使接触簧片或导电橡胶块接触焊片，形成通路，外观如图5.2所示。

图 5.1　金属按键开关

图 5.2　橡胶按键开关

根据按键和STM32的连接方式，也可将按键分为独立按键和矩阵式按键。如果在STM32系统中只需要几个功能按键，无须占用过多的I/O资源，可采用独立按键结构。独立按键是直接用I/O接口线构成的单个按键电路，其特点是每个按键单独占用一根I/O接口线，每个按键的工作不会影响其他I/O接口线的状态。独立按键电路配置灵活，软件结构简单，但每个按键必须占用一个I/O接口线，因此，在按键较多时，I/O接口线浪费较大，不宜采用。

图5.3所示为按键与单片机接口的三种可能连接方式，图中PA1、PA10、PA12配置为GPIO_Mode_IPD（下拉输入）或GPIO_Mode_IPU（上拉输入），使其工作于输入方式，分别与K3、K2、K1三个按键相连。其中K2是标准接法，当K2没有按下时，PA1引脚被外部上拉电阻R5拉高为高电平；当K2按下时，PA1引脚与地线短接，为低

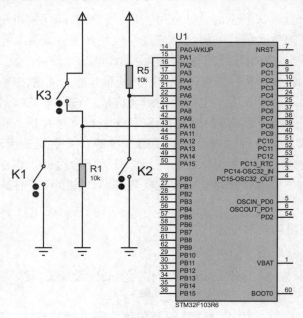

图 5.3　按键连接方式

电平状态；STM32 读取 PA1 的状态即可判断是否有按键被按下。K1 是一种经济的接法，目的是利用 STM32 I/O 接口片内的上拉电阻代替外部上拉电阻，在这种连接中，要注意将 I/O 接口的内部配置为 GPIO_Mode_IPU（上拉输入），否则当 K1 处于断开状态时，PA12 引脚将处于高阻态，易受干扰，不能稳定工作。在这两种接法中，上拉电阻起到使 I/O 接口在按键释放状态下拉高引脚的作用，同时还起到限流的作用，通常取值在 5~50 kΩ。

K3 的连接方法是希望当按键释放时，由下拉电阻 R1 将 I/O 接口拉为低电平，单键按下时 I/O 接口与电源相连为高电平，以此判断按键的状态。实际上这种接法是非常危险的，因为当 I/O 接口直接与电源相连时，有可能会造成较大短路电流将 I/O 接口烧坏，所以在一般情况下是禁止使用这种接法的。

综上，对于简单按键通常使用 K1 和 K2 的接法，在程序中通过判断引脚电平的高低，即 PA 相应位的高低，判断按键是否按下。

项目实现

一、原理图

LED 小灯通过共阳极的方式连接 PB0~PB7 端口，三个按键通过 PC1~PC3 控制，按键按下后，I/O 接口输入高电平，按键弹开，I/O 接口输入低电平，仿真电路原理图如图 5.4 所示。

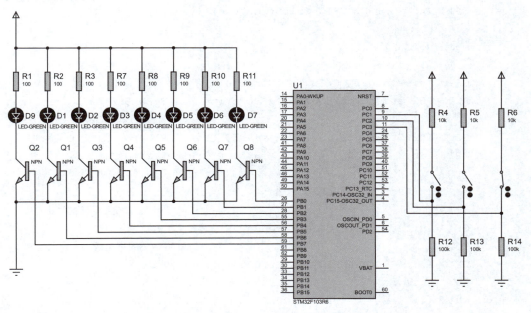

图 5.4　多功能汽车迎宾灯仿真电路原理图

二、参考程序

```
//三个中断按键从左到右分别为pc3、1、2，需设置成下拉输入，按键按下时I/O接口输入高电平
uint16_t
#include "stm32f10x.h"
```

```c
#define KEY1    GPIO_ReadInputDataBit(GPIOC,GPIO_Pin_1)
#define KEY2    GPIO_ReadInputDataBit(GPIOC,GPIO_Pin_2)
#define KEY3    GPIO_ReadInputDataBit(GPIOC,GPIO_Pin_3)
int j;
void Delay(unsigned int count)                          //延时函数
{
    unsigned int i;
    for(;count!=0;count--)
    {
        i=5000;
        while(i--);
    }
}
void KEY_Init(void)                                     //IO初始化
{
    GPIO_InitTypeDef GPIO_InitStructure;
    RCC_APB2PeriphClockCmd(RCC_APB2Periph_GPIOC,ENABLE);
                                                        //使能PORTC时钟
    GPIO_InitStructure.GPIO_Pin  = GPIO_Pin_3|GPIO_Pin_1|GPIO_Pin_2;
    GPIO_InitStructure.GPIO_Mode = GPIO_Mode_IPD;   //设置成下拉输入
    GPIO_InitStructure.GPIO_Speed = GPIO_Speed_50MHz;
    GPIO_Init(GPIOC,&GPIO_InitStructure);           //初始化
}
int main(void)
{
    GPIO_InitTypeDef  GPIO_InitStructure;
    RCC_APB2PeriphClockCmd(RCC_APB2Periph_GPIOB,ENABLE);
                                                        //使能GPIOB时钟
    GPIO_InitStructure.GPIO_Pin = GPIO_Pin_0|GPIO_Pin_1|GPIO_Pin_2|
    GPIO_Pin_3|GPIO_Pin_4|GPIO_Pin_5|GPIO_Pin_6|GPIO_Pin_7;
                                                        //引脚配置
    GPIO_InitStructure.GPIO_Mode = GPIO_Mode_Out_OD;
                                                        //配置为推挽输出
    GPIO_InitStructure.GPIO_Speed = GPIO_Speed_50MHz;
                                                        //GPIOB端口速度为50 MHz
    GPIO_Init(GPIOB,&GPIO_InitStructure);   //初始化
    KEY_Init();
    while(1)
    {
        GPIO_Write(GPIOB,0x0000);
        if(KEY1==1)
        {
            for(j=0;j<=4;j++)
            {
```

```
                GPIO_Write(GPIOB,((1<<j)|(0x80>>j)));
                                                                    //花样1
                Delay(50);
            }
        }
        if(KEY2==1)
        {
            for(j=0;j<=4;j++)
            {
                GPIO_Write(GPIOB,((0x08>>j)|(0x10<<j)));
                                                                    //花样2
                Delay(50);
            }
        }
        if(KEY3==1)
        {
            for(j=0;j<=7;j++)
            {
                GPIO_Write(GPIOB,(1<<j));                           //花样3
                Delay(50);
            }
        }
    }
}
```

项目总结

本项目引入宏定义标志位的程序写法，通过查询 KEY1、KEY2、KEY3 的值控制 LED 小灯不同的流水方式。"标志位"是控制类编程中经常采用的一种写法，通俗理解就是用户自定义的"寄存器"，通过查询这个"寄存器"的值实现各种功能，提高了程序的易用性和易读性。

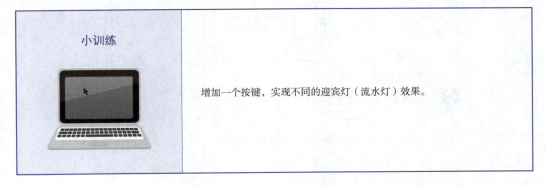

小训练

增加一个按键，实现不同的迎宾灯（流水灯）效果。

项目 5.2　我能做：车间计数器的模拟仿真（查询）

 项目分析

计数器对某物件进行自动计数，在实际生产生活中具有广泛应用，对通过的物体进行计数，实现统计数据的搜集，如在生产流水线、包装数量控制等领域的应用，可以节省劳动力，高效地完成任务。在生产车间中，计数器又称计件器，是一种常见的电子显示屏，一般显示的信息包括计划产量、实际产量、达成率等生产相关信息，如图5.5所示。本项目用LCD1602作为显示器，用按键控制，实现车间计数器的模拟仿真。

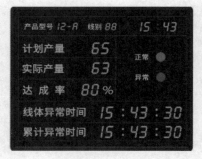

图 5.5　车间计数器

 知识链接

一、独立按键的识别

STM32读取按键的方式有两种：查询方式和中断方式。

（1）查询方式：不断检测是否有按键按下，如果有键按下，则去除抖动，判断键号并转入相应的按键处理程序。

（2）中断方式：各个按键都接到一个与门上，当任何一个按键按下时，都会使与门输出为低电平，从而引起单片机的中断。不用在主程序中不断循环查询是否有键按下，这样一旦有键按下，单片机再去做相应的中断处理。

以一个实例说明STM32查询读取按键的方法，硬件电路如图5.6所示，三个按键

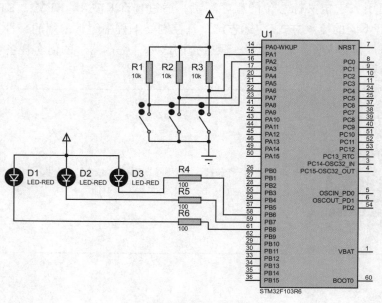

图 5.6　按键查询实例

分别连接STM32的PA1~PA3端口，通过查询的方式确定是否有按键按下，没有按键按下时由于上拉电阻的作用，单片机通过引脚读回为高电平，当有按键按下时读回低电平。通过按键控制发光二极管的亮灭。

首先对按键I/O接口进行初始化，定义宏变量KEY1、KEY2、KEY3对应GPIOA端口1、2、3位的输入电平，程序如下：

```c
#define KEY1    GPIO_ReadInputDataBit(GPIOA,GPIO_Pin_1)
#define KEY2    GPIO_ReadInputDataBit(GPIOA,GPIO_Pin_2)
#define KEY3    GPIO_ReadInputDataBit(GPIOA,GPIO_Pin_3)
void KEY_Init(void)                              //I/O初始化子函数
{
    GPIO_InitTypeDef GPIO_InitStructure;
    RCC_APB2PeriphClockCmd(RCC_APB2Periph_GPIOA,ENABLE);
                                                 //使能PORTA时钟
    GPIO_InitStructure.GPIO_Pin  = GPIO_Pin_1|GPIO_Pin_2|GPIO_Pin_3;
    GPIO_InitStructure.GPIO_Mode = GPIO_Mode_IPD;
                                                 //设置成下拉输入工作模式
    GPIO_Init(GPIOA,&GPIO_InitStructure);        //初始化
}
```

可根据实际需要，编写按键控制LED小灯点亮的方式。在下面的例程中实现每个按键单独控制一个小灯的亮灭，且互不影响，方法是在while(1)的循环中反复查询是否产生低电平，即是否有按键按下，如确实有按键按下，则点亮对应的发光二极管。程序如下：

```c
while(1)
{
    if(KEY1==0)                                  //按键1按下
    {
        GPIO_ResetBits(GPIOB,GPIO_Pin_8);        //点灯
    }
    if(KEY1==1)                                  //按键1弹开
    {
        GPIO_SetBits(GPIOB,GPIO_Pin_8);          //熄灭灯
    }
    if(KEY2==0)                                  //按键2按下
    {
        GPIO_ResetBits(GPIOB,GPIO_Pin_7);        //点灯
    }
    if(KEY2==1)                                  //按键2弹开
    {
        GPIO_SetBits(GPIOB,GPIO_Pin_7);          //熄灭灯
    }
    if(KEY3==0)                                  //按键3按下
    {
```

```
            GPIO_ResetBits(GPIOB,GPIO_Pin_6);           //点灯
    }
    if(KEY3==1)                                          //按键3弹开
    {
            GPIO_SetBits(GPIOB,GPIO_Pin_6);             //熄灭灯
    }
}
```

二、按键和键盘的消抖

实际上在按键的应用过程中,并没有上述那么简单,在其使用过程中容易产生抖动,产生原因是其机械特性的影响。

键盘由一组规则排列的按键组成,一个按键实际上就是一个开关元件,即键盘是一组规则排列的开关。通常,按键所用开关为机械弹性开关,这种开关一般为常开型。平时(按键没有按下时)按键的触点是断开状态,按键被按下时才闭合。由于机械触点的弹性作用,一个按键开关从开始连接至接触稳定要经过一定的弹跳时间,即在这段时间里连续产生多个脉冲,在断开时也不会立即断开,存在同样的问题,按键抖动信号波形如图5.7所示。

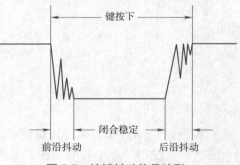

图 5.7 按键抖动信号波形

从波形图可以看出,按键开关在闭合及断开的瞬间,均伴随有一连串的抖动。抖动时间的长短由按键的机械特性决定,一般为5~10 ms,而按键的稳定闭合期由操作人员的按键决定,一般为十分之几秒的时间。

1. 按键抖动的消除

因为机械开关存在抖动问题,为了确保CPU对一次按键动作只确认一次,必须消除抖动的影响。去除按键的抖动通常有硬件和软件两种方法。在键数较少的情况下,可用硬件消除抖动,而当键数较多时,宜采用软件消除抖动。

2. 硬件消除抖动

常用的硬件消除抖动电路有由RS触发器构成的双稳态消除抖动电路和滤波消除抖动电路。图5.8所示是双稳态消除抖动电路,图中两个与非门构成一个基本RS触发器。当按键未按下时,A=0,B=1,输出端为1;当按键按下时,因按键的机械性能,使按键因弹性抖动而产生瞬时不闭合(抖动跳开B),当开关没有稳定到达B时,因与非门2输出为0反馈到与非门1的输入端,封锁了与非门1,双稳态电路的状态不会改变,输出保持为1,不会产生抖动的波形;当开关稳定在B时,A=1,B=0,从而使Q=0,状态产生翻转。当松开开关,在开关未稳定达到A时,因输出为0,所以封锁了与非门2,从而消除了后沿的抖动,使输出为0保持不变。只有当开关稳定地到达A后,输出才重新返回到原状态。即使开关输出的电压波形是抖动的,但经过双稳态电路之后,其输出为正规的矩形方波,不会出现"毛刺"现象。

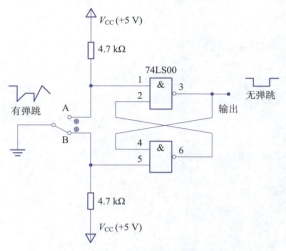

图 5.8 RS 触发器硬件去抖电路

3. 软件消除抖动

在单片机应用系统中，常用软件方法消除抖动，即检测出按键闭合后执行一个延时程序，产生5~10 ms的延时，以避开按键按下时的抖动时间，待信号稳定之后再进行按键查询，如果仍然保持闭合状态的电平，则认为真正有按键按下，消除抖动的影响。一般情况下，不对按键释放的后沿进行处理。

 项目实现

一、原理图

以总产量为200个的工厂计数器为例，SUM表示总产量数目，NUM表示已经生产的数量，PCT表示完成数量的百分率，仿真电路原理图如图5.9所示。

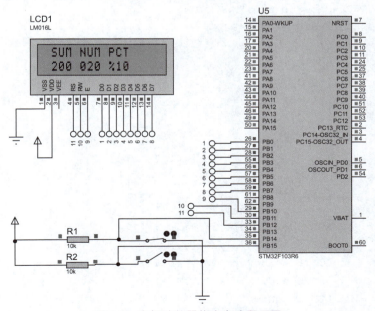

图 5.9 车间计数器仿真电路原理图

二、参考程序

```c
#include "stm32f10x.h"
#include "bsp-lcd1602.h"
#define KEY1    GPIO_ReadInputDataBit(GPIOB,GPIO_Pin_14)
#define KEY2    GPIO_ReadInputDataBit(GPIOB,GPIO_Pin_15)
int i=0,PCT;                          //i是已经生产的数量，PCT是完成率
int sum=200;                          //总产量为200
void Delay(unsigned int count)        //延时
{
    unsigned int i;
    for(;count!=0;count--)
    {
        i=5000;
        while(i--);
    }
}
int main(void)
{
    GPIO_InitTypeDef  GPIO_InitStructure;
    GPIO_InitStructure.GPIO_Pin = GPIO_Pin_14|GPIO_Pin_15;
    GPIO_InitStructure.GPIO_Mode = GPIO_Mode_IPD;
    GPIO_InitStructure.GPIO_Speed = GPIO_Speed_50MHz;
    GPIO_Init(GPIOB,&GPIO_InitStructure);          //按键I/O接口初始化
    LCD1602_Init();
    LCD1602_ShowStr(1,0,"SUM",3);
    LCD1602_ShowStr(1,1,"200",3);
    LCD1602_ShowStr(5,0,"NUM",3);
    LCD1602_ShowStr(9,0,"PCT",3);
    while(1)
    {
        if(KEY1==0)                                //判断按键一是否按下
        Delay(100);
        if(KEY1==0)                                //消抖
        {
            i++;
            PCT=i*100/sum;
            LCD_ShowNum(5,1,i/100);
            LCD_ShowNum(6,1,i/10%10);
            LCD_ShowNum(7,1,i%10);
            LCD1602_ShowStr(9,1,"%",1);
            LCD_ShowNum(10,1,PCT/10);
            LCD_ShowNum(11,1,PCT%10);
```

```
            }
            if(KEY2==0)                              //判断按键二是否按下
            Delay(100);
            if(KEY2==0)                              //消抖
            {
                i--;
                PCT=i*100/sum;
                LCD_ShowNum(5,1,i/100);
                LCD_ShowNum(6,1,i/10%10);
                LCD_ShowNum(7,1,i%10);
                LCD1602_ShowStr(9,1,"%",1);
                LCD_ShowNum(10,1,PCT/10);
                LCD_ShowNum(11,1,PCT%10);
            }
        }
    }
```

项目总结

本项目通过 if 语句查询的方法模拟仿真了车间计数器的功能。显然，if 语句如果写在死循环 while(1) 中，STM32 的核心一直在执行查询功能，这时如果在循环中写入其他语句，当程序没有执行到 if 语句时，即使按键按下，计数器也不会完成计数，即此时的按键是没有实时性的。

交流与思考	关于 if 语句实现按键功能的测试
	在图 5.9 所示的电路图中接入 8 个 LED 流水灯，在 while(1) 中写入流水灯程序，按下按键，观察计数器数值变化，并思考原因。

项目 5.3　我能做：矩阵键盘的模拟仿真

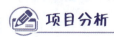

项目分析

设计一个 8×8 的矩阵键盘，通过线反转法对这些按键进行编码和译码，用 LCD1602 显示出键值。

知识链接

矩阵键盘的认知

项目 5.2 中按键采用独立式按键接口方式。独立式按键各个按键相互独立，每个按键占用一位I/O接口线,相互之间没有影响,只要单独查询端口的高低电平就能判断按键的状态。独立式按键电路简单,配置灵活,软件结构也相对简单。此种接口方式适用于系统需要按键数量较少的情况。

当按键数量较多,如系统需要12或16个按键的键盘时,采用独立式接口方式就会占用太多的I/O接口,为了减少对I/O接口的占用,通常将按键排列成矩阵形式,又称行列键盘,这是一种常见的连接方式。

矩阵式键盘接口如图5.10所示,由行线和列线组成,按键位于行、列的交叉点上。当按键被按下时,其交点的行线和列线接通,相应的行线或列线上的电平发生变化,MCU通过检测行或列线上的电平变化可以确定哪个按键被按下。矩阵式键盘相对于独立式按键接法要复杂一些,识别也要复杂一些,但是却实现了用较少的I/O资源获取更多的按键信息。

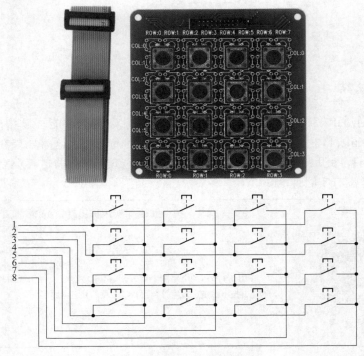

图 5.10 矩阵键盘

在矩阵键盘的软件接口程序中,常使用的按键识别方法有行扫描法和线反转法。

1. 行扫描法

(1)判断是否有键按下:使列线都输出0,检测行线的电平。如果行线上的电平全为高,则表示没有键被按下。如果某一行线上的电平为低,则表示有键被按下,且闭合的按键位于与该行线相交叉的四个按键中。

(2)判断按下的按键位置:在确认有按键按下后,即可进入确定按下按键位置的过程。如果有键闭合,再进行逐列扫描,找出闭合键的键号。依次将行线置为低电平,即在某根行线为低电平的时候,其他行线为高电平。在确认某根行线位置为低电平后,再逐个检测各列线的电平状态。若某列为低,则该列线与置为低电平的行线交叉处的按键就是闭合的按键。

2. 线反转法

线反转法比较简单，只需两步即可确定按键所在的行和列。

（1）将行线编程为输入线，列线编程为输出线，并使输出全为低电平，则行线中电平由高到低变化的行为被按下键所在的行。

（2）同第一步相反，将行线编程为输出线，列线编程为输入线，并使输出线输出全部为低电平，则列线中电平由高到低所在的列为按键所在的列。综合两个步骤可确定按键所在的行和列，从而识别出按下按键的位置。

例如，图5.10中第一行最后一个键被按下。第一步列线输出行线输入，读入PB端口后得到0EH。第二步行线输出列线输入，再读入PB端口后得到E0H。综合两个步骤，将两次得到的0EH、E0H合成为（相或）EEH，则EEH为被按下键3号键的键值。每个键的键值是唯一的，这样通过查表方法即可解决键识别的问题。

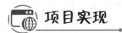 项目实现

一、原理图

矩阵键盘的行线和列线接PC端口，Proteus对STM32的I/O接口读取初始化有时会出现错误，矩阵键盘仿真电路原理图如图5.11所示外置了上拉电阻。

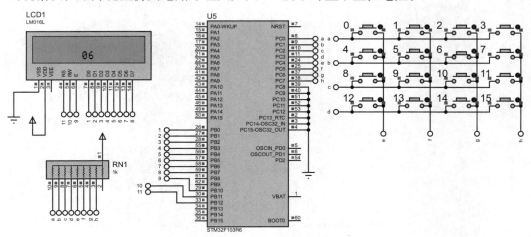

图 5.11 矩阵键盘仿真电路原理图

二、参考程序

```
#include "stm32f10x.h"
#include "bsp-lcd1602.h"
int i=0;
void Delay(unsigned int count)
{
    unsigned int i;
    for(;count!=0;count--)
    {
```

```c
            i=5000;
            while(i--);
        }
    }
    unsigned char scan_key(void)              //读取键值函数,返回键值
    {
        unsigned char i,data1,data2;
        GPIO_InitTypeDef   GPIO_InitStructure;
        RCC_APB2PeriphClockCmd(RCC_APB2Periph_GPIOC,ENABLE);
        GPIO_InitStructure.GPIO_Pin = GPIO_Pin_0|GPIO_Pin_1|
        GPIO_Pin_2|GPIO_Pin_3;
        GPIO_InitStructure.GPIO_Mode = GPIO_Mode_Out_OD;
        GPIO_InitStructure.GPIO_Speed = GPIO_Speed_50MHz;
        GPIO_Init(GPIOC,&GPIO_InitStructure);   //PC0~3端口输出
        GPIO_InitStructure.GPIO_Pin = GPIO_Pin_4|GPIO_Pin_5|
        GPIO_Pin_6|GPIO_Pin_7;
        GPIO_InitStructure.GPIO_Mode = GPIO_Mode_IPU;
        GPIO_InitStructure.GPIO_Speed = GPIO_Speed_50MHz;
        GPIO_Init(GPIOC,&GPIO_InitStructure);   //PC4~7端口输出
        GPIO_Write(GPIOC,0X00F0);               //PC0~3端口输出低电平
        Delay(1);
        if(GPIO_ReadInputData(GPIOC)!=0x00f0)  //判断是否有键按下
        {
            Delay(1);                           //延时去抖
            if(GPIO_ReadInputData(GPIOC)!=0x00f0)
                                                //再次判断,确认按键按下
            {
                data1=GPIO_ReadInputData(GPIOC)&0x00f0;
                                                //读出第一次键值
                GPIO_InitStructure.GPIO_Pin = GPIO_Pin_0|GPIO_Pin_1
                                |GPIO_Pin_2|GPIO_Pin_3;
                GPIO_InitStructure.GPIO_Mode = GPIO_Mode_IPU;
                GPIO_InitStructure.GPIO_Speed = GPIO_Speed_50MHz;
                GPIO_Init(GPIOC,&GPIO_InitStructure);
                                                //PC0~3端口输入
                GPIO_InitStructure.GPIO_Pin = GPIO_Pin_4|GPIO_Pin_5
                                |GPIO_Pin_6|GPIO_Pin_7;
                GPIO_InitStructure.GPIO_Mode = GPIO_Mode_Out_OD;
                GPIO_InitStructure.GPIO_Speed = GPIO_Speed_50MHz;
                GPIO_Init(GPIOC,&GPIO_InitStructure);
                                                //PC4~7端口输出
                GPIO_Write(GPIOC,0X000F);
                Delay(1);
                data2=GPIO_ReadInputData(GPIOC)|data1;
```

```c
            return data2;              //两次读出键值组合
                                       //返回键值
        }
    }
    return 0x00ff;                     //没有按键按下则返回0xff
}

unsigned char key_num(unsigned char data)
                                       //根据返回的键值，进行译码，返回
{                                      //定义的实际数据
    switch(data)                       //根据键值设置其对应的显示数据
    {                                  //显示从0~15十六个数据
        case 0x00ee:return 0;
        case 0x00de:return 1;
        case 0x00be:return 2;
        case 0x007e:return 3;
        case 0x00ed:return 4;
        case 0x00dd:return 5;
        case 0x00bd:return 6;
        case 0x007d:return 7;
        case 0x00eb:return 8;
        case 0x00db:return 9;
        case 0x00bb:return 10;
        case 0x007b:return 11;
        case 0x00e7:return 12;
        case 0x00d7:return 13;
        case 0x00b7:return 14;
        case 0x0077:return 15;
        default: return   16;
    }
}
int main(void)
{
    unsigned char data,key;
    GPIO_InitTypeDef  GPIO_InitStructure;
    RCC_APB2PeriphClockCmd(RCC_APB2Periph_GPIOC,ENABLE);
    GPIO_InitStructure.GPIO_Pin = GPIO_Pin_All;
    GPIO_InitStructure.GPIO_Mode = GPIO_Mode_IPU;
    GPIO_InitStructure.GPIO_Speed = GPIO_Speed_50MHz;
    GPIO_Init(GPIOC,&GPIO_InitStructure);
    LCD1602_Init();
    while(1)
    {
        key=scan_key( );               //反复读取键值
```

```
            if(key!=0x00ff)                          //没有按键按下则返回0xff
            {
                data=key_num(key);
                LCD_ShowNum(7,1,data/10);
                LCD_ShowNum(8,1,data%10);
            }
            Delay(10);
        }
    }
```

项目总结

本项目通过线反转法用 8 个 I/O 接口读取了 8×8 个矩阵键盘的键值，并将键值重新译码，用 LCD1602 进行显示。用编码和译码的方式读取键值，可以大大节省 STM32 的 I/O 接口资源。

小训练

修改项目 5.3 的程序，对按键重新译码，修改为从上到下、从左到右依次按下时，显示数字 0~15。

项目 5.4 我能做：车间计数器的模拟仿真（中断）

项目分析

以"项目5.2 我能做：车间计数器的模拟仿真（查询）"为基础，通过STM32外部中断控制两个按键，实现车间计数器的模拟仿真。

知识链接

一、中断的基本概念

1. 什么是中断

中断是指MCU在执行程序的过程中，MCU以外发生的某一事件（如芯片引脚一个电平变化、一个脉冲沿的发生或定时/计数器的溢出等）向MCU发出中断请求信号，要求MCU暂时中断当前程序的执行而转去执行相应的处理程序，并在执行完待处理程序后自动返回原来被中断的程序的过程，其处理过程如图5.12所示。

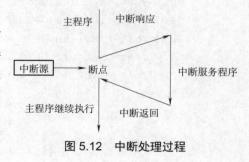

图 5.12 中断处理过程

2. 采用中断的优点

(1) 分时操作。提高MCU的效率，只有当服务对象或功能部件向MCU发出中断请求时，才会转去为其服务，这样，利用中断功能，多个服务对象和部件就可以同时工作，从而提高了MCU的效率。

(2) 实时控制。利用中断技术，各服务对象和功能模块可以根据需要，随时向MCU发出中断申请，并使MCU为其工作，以满足实时处理和控制需要。

(3) 故障处理。单片机系统在运行过程中突然发生硬件故障、运算错误及程序故障等，可以通过中断系统及时向MCU发出请求中断，进而MCU转到响应的故障处理程序进行处理。

3. 中断的优先级及嵌套

中断的优先级是针对有多个中断同时发出请求，MCU该如何响应中断，响应哪一个中断而提出的。

通常，STM32会有若干个中断源，MCU可以接收若干个中断源发出的中断请求。但在同一时刻，MCU只能响应这些中断请求中的一个。为了避免MCU同时响应多个中断请求带来的混乱，在MCU中为每一个中断源赋予一个特定的中断优先级。一旦有多个中断请求信号，MCU先响应中断优先级高的中断请求，然后再逐次响应优先级次一级的中断。中断优先级也反映了各个中断源的重要程度，同时也是分析中断嵌套的基础。

当低级别的中断服务程序正在执行的过程中，有高级别的中断发出请求，则暂停当前的低级别中断，转入响应高级别的中断，待高级别的中断处理完毕后，再返回原来的低级别中断断点处继续执行，称为中断嵌套，其处理过程如图5.13所示。

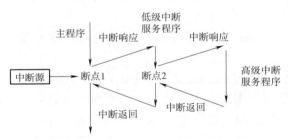

图 5.13 中断嵌套处理过程

二、STM32 中断优先级管理

CM3内核支持256个中断，包括16个内核中断和240个外部中断，并且具有256级的可编程中断设置。STM32只使用了一部分CM3内核的内容。STM32支持84个中断，包括16个内核中断和68个可屏蔽中断，具有16级可编程的中断优先级。在STM32F103系列上只支持60个（107系列支持68个）。

在MDK内，与中断优先级管理NVIC相关的寄存器，MDK为其定义了如下结构体：

```
typedef struct
```

```
{
    vu32 ISER[2];
    u32 RESERVED0[30];
    vu32 ICER[2];
    u32 RSERVED1[30];
    vu32 ISPR[2];
    u32 RSERVED2[30];
    vu32 ICPR[2];
    u32 RSERVED3[30];
    vu32 IABR[2];
    u32 RSERVED4[30];
    vu32 IPR[15];
}NVIC_TypeDef;
```

ISER[2]：ISER（interrupt set-enable registers）是一个中断使能寄存器组。103系列可屏蔽中断有60个，这里用了2个32位寄存器，总共可以表示64个中断，STM32F103只用了其中的前60位。ISER[0]的0~31位分别对应中断0~31；ISER[1]的0~27位对应中断32~59。这样，要使能某个中断，必须设置相应的ISER位为1，使该中断被使能（这里仅是使能，还要配合中断分组、屏蔽、I/O接口映射等设置才算一个完整的中断设置）。

ICER[2]：ICER（interrupt clear-enable registers）是一个清除中断使能寄存器组，和ISER寄存器功能相反。这里专门设置一个ICER寄存器来清除中断位，而不是向ISER写0来擦除，是因为NVIC的这些寄存器都是写1有效，写0是无效的。

ISPR[2]：ISPR（interrupt set-pending registers）是一个中断挂起控制寄存器组。每个位对应的中断和ISER是一样的，通过置1，可将正在进行中的中断挂起，而去执行同级或更高级别的中断，写0无效。

ICPR[2]：ICPR（interrupt clear-pending registers）为解除中断挂起。写1有效，写0无效。

IABR[2]：IABR（interrupt active bit registers）是中断激活标志位寄存器组，只读，可以读取当前正在执行的中断是哪一个，在中断执行完成后由硬件自动清零。对应位所代表的中断和ISER相同，如果为1，表示该位所对应的中断正在执行。

IPR[15]：IPR（interrupt priority registers）是中断优先级控制寄存器组。STM32的中断分组与这个寄存器密切相关。因为STM32的中断多达60个，所以STM32采用中断分组的办法确定中断的优先级。IPR寄存器由15个32位的寄存器组成，每个可屏蔽中断占8位，这样总共可以表示15×4=60个可屏蔽中断。IPR[0]的[31~24]、[23~16]、[15~8]、[7~0]分别对应中断3~0，共对应60个外部中断。而每个可屏蔽中断占用的8位并没有全部使用，只用了高4位。这4位又分为抢占优先级和子优先级。这两个优先级根据SCB→AIRCR中中断分组的设置决定。

简单介绍STM32的中断分组：STM32将中断分为0~4共5个组，该组由SCB→AIRCR寄存器的[10~8]位定义。分组情况见表5-1。

表 5-1　中断分组

组	AIRCR[10:8] 位	[7:4] 位分配情况	分配结果
0	111	0:4	0 位抢占优先级，4 位响应优先级
1	110	1:3	1 位抢占优先级，3 位响应优先级
2	101	2:2	2 位抢占优先级，2 位响应优先级
3	100	3:1	3 位抢占优先级，1 位响应优先级
4	011	4:0	4 位抢占优先级，0 位响应优先级

通过表5-1可以清楚地看到组0~4对应的配置关系，例如，组设置为0x03，此时所有的60个中断，每个中断的中断优先级寄存器的高四位中最高3位是抢占优先级，低1位是响应优先级。每个中断都可以设置抢占优先级为0~7，响应优先级为1或0。抢占优先级的级别高于响应优先级，数值越小所代表的优先级越高。

具体优先级的确定和嵌套规则：

（1）高抢占优先级的中断可以打断低抢占优先级的中断服务，构成中断嵌套。

（2）当2个（n个）相同抢占优先级的中断出现，它们之间不能构成中断嵌套，但STM32首先响应子优先级高的中断。

（3）当2个（n个）抢占优先级和子优先级相同的中断出现，STM32首先响应中断通道对应的中断向量地址低的中断，即谁先发生谁先被执行。

中断线：

STM32的每个I/O接口都可以作为外部中断的输入口，以F407为例，407的中断控制器支持22个外部中断请求。

EXTI线0~15：对应外部I/O接口的输入中断。

EXTI线16：连接到PVD输出。

EXTI线17：连接到RTC闹钟事件。

EXTI线18：连接到USB OTG FS唤醒事件。

EXTI线19：连接到以太网唤醒事件。

EXTI线20：连接到USB OTG HS（在FS中配置）唤醒事件。

EXTI线21：连接到RTC入侵和时间戳事件。

EXTI线22：连接到RTC唤醒事件。

I/O接口使用的中断线只有16个，但STM32的I/O接口却不止16个，这些中断线和I/O接口通过图5.14所示的关系对应起来。

PA0、PB0、PC0等共用EXTI0中断标志，这样每个中断标志只能接收1个外部中断源的信号，如果接入多个I/O作为中断源，只有最后配置的一个I/O有

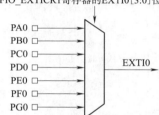

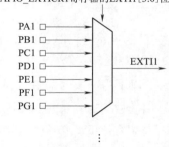

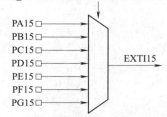

图 5.14　I/O 接口和中断线的对应关系

效,在硬件原理图设计时需要注意。EXTI0~EXTI4这5个外部中断有着自己单独的中断号(中断服务函数),EXTI5~9共用一个中断服务函数,EXTI10~15共用一个中断服务函数。可以看到STM32f10x.h头文件中声明的中断号:

```
EXTI0_IRQn= 6,              /*外部中断0*/
EXTI1_IRQn= 7,              /*外部中断1*/
EXTI2_IRQn= 8,              /*外部中断2*/
EXTI3_IRQn= 9,              /*外部中断3*/
EXTI4_IRQn= 10,             /*外部中断4*/
EXTI15_10_IRQn= 40,         /*外部中断10~15*/
EXTI9_5_IRQn= 23,           /*外部中断5~9*/
```

三、使用库函数实现中断分组设置及中断优先级管理

(1)配置中断优先级分组函数NVIC_PriorityGroupConfig。分组0~4,抢占优先级和子优先级分别占几位,在系统中只能被调用一次,一旦分组确定就不要修改。代码如下:

```
NVIC_PriorityGroupConfig(NVIC_PriorityGroup_2);
```

(2)设置好系统中断分组,对于每个中断,要设置具体抢占优先级和子优先级的配置。可以通过NVIC_Init函数初始化,其函数声明为

```
void NVIC_Init(NVIC_InitTypeDef* NVIC_InitStruct);
```

其中NVIC_InitTypeDef是一个结构体:

```
typedef struct
{
    uint8_t NVIC_IRQChannel;
    uint8_t NVIC_IRQChannelPreemptionPriority;
    uint8_t NVIC_IRQChannelSubPriority;
    FunctionalState NVIC_IRQChannelCmd;
}NVIC_InitTypeDef;
```

以下为一段外部中断例子:

```
//外部中断初始化函数
void EXTIX_Init(void)
{
    EXTI_InitTypeDef EXTI_InitStructure;
    NVIC_InitTypeDef NVIC_InitStructure;
    RCC_APB2PeriphClockCmd(RCC_APB2Periph_AFIO,ENABLE);
    //外部中断,需要使能AFIO时钟
    KEY_Init();                    //初始化按键对应I/O模式
    //按键连接PC5,以下对引脚进行配置
    //GPIOC.5 中断线以及中断初始化配置
    GPIO_EXTILineConfig(GPIO_PortSourceGPIOC,GPIO_PinSource5);
    EXTI_InitStructure.EXTI_Line=EXTI_Line5;
```

```
                    //上文提及PA0、PB0为EXTI0,此处PC5中断线应为EXTI5
EXTI_InitStructure.EXTI_Mode = EXTI_Mode_Interrupt;
EXTI_InitStructure.EXTI_Trigger = EXTI_Trigger_Falling;
                    //下降沿触发
EXTI_InitStructure.EXTI_LineCmd = ENABLE;
EXTI_Init(&EXTI_InitStructure);
                    //根据EXTI_InitStruct中指定的参数初始化外设EXTI寄存器
```

项目实现

一、原理图

参考"项目5.2 我能做：车间计数器的模拟仿真（查询）"连接图（见图5.9），将三个按键跳线到PC1~3，当按键按下时，I/O端口输入低电平，故中断触发方式设置为下降沿触发，车间计数器仿真电路原理图如图5.15所示。

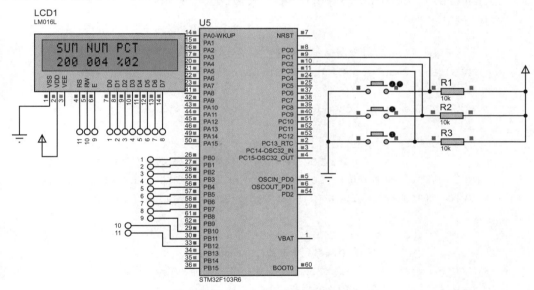

图 5.15　车间计数器仿真电路原理图

二、参考程序

在USER文件夹下新建exit.c文件，并在Keil的Manage Project Items对话框中将此文件加入到USER文件组中，如图5.16所示。

exit.c文件中编写中断初始化程序，在完成一个中断初始化后，其他项目程序可在此文件基础上进行修改和移植，大大提高编程效率。其中初始化了三个外部中断，下降沿触发，代码如下：

```
#include "stm32f10x.h"
extern int i,PCT,sum;
#define KEY1  GPIO_ReadInputDataBit(GPIOC,GPIO_Pin_1)
#define KEY2  GPIO_ReadInputDataBit(GPIOC,GPIO_Pin_2)
```

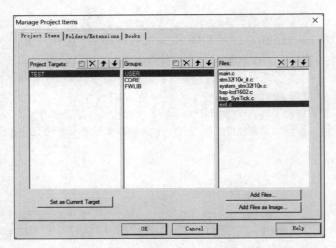

图 5.16　在 Manage Project Items 对话框中添加 exit.c

```
#define KEY3    GPIO_ReadInputDataBit(GPIOC,GPIO_Pin_3)
void exit_config(void)
{
    EXTI_InitTypeDef EXTI_InitStructure;
    NVIC_InitTypeDef  NVIC_InitStructure;

    RCC_APB2PeriphClockCmd(RCC_APB2Periph_AFIO,ENABLE);

    GPIO_EXTILineConfig(GPIO_PortSourceGPIOC,GPIO_PinSource1);
              //中断线1与PC1端口映射，设置PC1端口为中断源EXTI_Line1
    GPIO_EXTILineConfig(GPIO_PortSourceGPIOC,GPIO_PinSource2);
    GPIO_EXTILineConfig(GPIO_PortSourceGPIOC,GPIO_PinSource3);

    EXTI_InitStructure.EXTI_Line=EXTI_Line1;
              //将中断映射到中断线EXTI_Line1上
    EXTI_InitStructure.EXTI_Mode = EXTI_Mode_Interrupt;
              //设置为中断模式
    EXTI_InitStructure.EXTI_Trigger = EXTI_Trigger_Falling;
              //设置为下降沿触发中断
    EXTI_InitStructure.EXTI_LineCmd = ENABLE;      //中断使能，即开中断
    EXTI_Init(&EXTI_InitStructure);
              //根据EXTI_InitStruct中指定的参数初始化外设EXTI寄存器

    EXTI_InitStructure.EXTI_Line=EXTI_Line2;
              //将中断映射到中断线EXTI_Line2上
    EXTI_InitStructure.EXTI_Mode = EXTI_Mode_Interrupt;
              //设置为中断模式
    EXTI_InitStructure.EXTI_Trigger = EXTI_Trigger_Falling;
              //设置为下降沿触发中断
    EXTI_InitStructure.EXTI_LineCmd = ENABLE;      //中断使能，即开中断
```

```c
    EXTI_Init(&EXTI_InitStructure);

    EXTI_InitStructure.EXTI_Line=EXTI_Line3;
                        //将中断映射到中断线EXTI_Line3上
    EXTI_InitStructure.EXTI_Mode = EXTI_Mode_Interrupt;
                        //设置为中断模式
    EXTI_InitStructure.EXTI_Trigger = EXTI_Trigger_Falling;
                        //设置为下降沿触发中断
    EXTI_InitStructure.EXTI_LineCmd = ENABLE;       //中断使能,即开中断
    EXTI_Init(&EXTI_InitStructure);

    NVIC_InitStructure.NVIC_IRQChannel = EXTI1_IRQn;
                        //使能按键所在的外部中断通道
    NVIC_InitStructure.NVIC_IRQChannelPreemptionPriority = 0x0;
                        //抢占优先级0位
    NVIC_InitStructure.NVIC_IRQChannelSubPriority = 0x0f;
                        //响应优先级4位,优先级15为最低优先级
    NVIC_InitStructure.NVIC_IRQChannelCmd = ENABLE;//使能外部中断通道
    NVIC_Init(&NVIC_InitStructure);
                        //中断优先级分组初始化

    NVIC_InitStructure.NVIC_IRQChannel = EXTI2_IRQn;
                        //使能按键所在的外部中断通道
    NVIC_InitStructure.NVIC_IRQChannelPreemptionPriority = 0x0;
                        //抢占优先级0位
    NVIC_InitStructure.NVIC_IRQChannelSubPriority = 0x0f;
                        //响应优先级4位,优先级15为最低优先级
    NVIC_InitStructure.NVIC_IRQChannelCmd = ENABLE;
                        //使能外部中断通道
    NVIC_Init(&NVIC_InitStructure);

    NVIC_InitStructure.NVIC_IRQChannel = EXTI3_IRQn;
                        //使能按键所在的外部中断通道
    NVIC_InitStructure.NVIC_IRQChannelPreemptionPriority = 0x0;
                        //抢占优先级0位
    NVIC_InitStructure.NVIC_IRQChannelSubPriority = 0x0f;
                        //响应优先级4位,优先级15,为最低优先级
    NVIC_InitStructure.NVIC_IRQChannelCmd = ENABLE;
                        //使能外部中断通道
    NVIC_Init(&NVIC_InitStructure);
}

void EXTI1_IRQHandler(void)
{
```

```c
    if(KEY1==0)
    {
        Delay(50);
        if(KEY1==0)
        {
            i++;
        }
    }
}

void EXTI2_IRQHandler(void)
{
    if(KEY2==0)
    {
        Delay(50);
        if(KEY2==0)
        {
            i--;

        }
    }

}

void EXTI3_IRQHandler(void)
{
    if(KEY3==0)
    {
        Delay(50);
        if(KEY3==0)
        {
            i=0;
        }
    }
}
```

小提示	编写中断子函数的注意事项
	（1）中断子函数代码应尽量简洁。一般不宜在中断函数内编写大量复杂冗长的代码；应尽量避免在中断函数内调用其他自定义函数。 （2）尽量避免在中断子函数内调用数学函数。因为某些数学函数涉及相关的库函数调用和中间变量较多，可能出现交叉调用。在必须使用数学函数时，可考虑将复杂的数学函数运算任务交给主程序完成，中断函数通过全局变量引用其结果。 （3）在中断子函数中调用宏，可减少在函数调用中压栈与出栈的开销

在使用外部中断时也不要遗忘对所使用到的I/O接口进行初始化,按键I/O接口初始化函数KEY_Init()如下:

```
void KEY_Init()
{
    GPIO_InitTypeDef GPIO_InitStructure;
    RCC_APB2PeriphClockCmd(RCC_APB2Periph_GPIOC,ENABLE);
                                            //使能PORTA,PORTE时钟
    GPIO_InitStructure.GPIO_Pin   = GPIO_Pin_3|GPIO_Pin_1|GPIO_Pin_2;
    GPIO_InitStructure.GPIO_Mode  = GPIO_Mode_IPD;      //设置为下拉输入
    GPIO_InitStructure.GPIO_Speed = GPIO_Speed_50MHz;
    GPIO_Init(GPIOC,&GPIO_InitStructure);               //初始化
}
```

主函数如下:

```
int main(void)
{
    KEY_Init();
    LCD1602_Init();
    exit_config();
    LCD1602_ShowStr(1,0,"SUM",3);
    LCD1602_ShowStr(1,1,"200",3);
    LCD1602_ShowStr(5,0,"NUM",3);
    LCD1602_ShowStr(9,0,"PCT",3);
    while(1)
    {
        PCT=i*100/sum;
        LCD_ShowNum(5,1,i/100);
        LCD_ShowNum(6,1,i/10%10);
        LCD_ShowNum(7,1,i%10);
        LCD1602_ShowStr(9,1,"%",1);
        LCD_ShowNum(10,1,PCT/10);
        LCD_ShowNum(11,1,PCT%10);

    }
}
```

项目总结

本项目通过中断的方法模拟仿真了车间计数器的功能。和if语句控制的功能相同。可以将LCD1602显示的程序编写函数,然后将显示函数放置于中断子函数中,这样while函数的函数体为空,即可在其中继续编写其他功能性程序循环运行,而不会和按键程序有冲突。

项目 5.5 我能学：汽车报警器的模拟仿真

项目分析

汽车报警器是一种安装在车上的报警装置。如果有人击打、撞击或移动汽车，传感器就会向控制器发送信号，指示振动强度。根据振动的强度，控制器会发出表示警告或全面拉响警报震慑偷盗者，并提示通知车主。本项目通过光敏电阻检测车辆的非正常开门状态引起报警和屏幕提示，模拟仿真了汽车报警器状态。

知识链接

一、外部中断/事件控制器简介

外部中断/事件控制器EXTI（external interrupt/event controller）管理控制器的20个中断/事件线。每个中断/事件线都对应有一个边沿检测器，可以实现输入信号上升沿和下降沿的检测。EXTI可以实现对每个中断/事件线单独配置为中断或事件，并检测触发事件的属性。

EXTI控制器的主要特性如下：
- 每个中断/事件都有独立的触发和屏蔽；
- 每个中断线都有专用的状态位；
- 支持多达20个软件的中断/事件请求；
- 检测脉冲宽度低于APB2时钟宽度的外部信号。

EXTI功能框图如图5.17所示。在图中可以看到很多在信号线上打一个斜杠并标

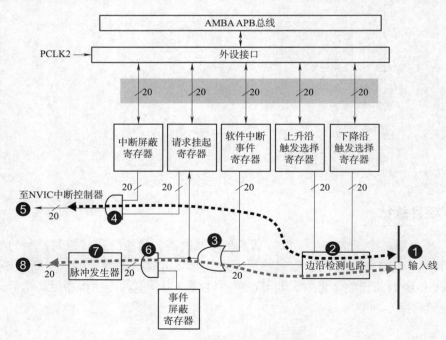

图 5.17 外部中断功能框图

注"20"字样，这表示在控制器内部类似的信号线路有20个，这与EXTI总共有20个中断/事件线是吻合的。所以只要明白其中一个的原理，那么其他19个线路原理也就知道了。

EXTI 可分为两大部分功能，一个是产生中断，另一个是产生事件，这两个功能从硬件上就有所不同。

首先来看图中上方虚线指示的电路流程。这是一个产生中断的线路，最终信号流入 NVIC 控制器内。

编号1是输入线，EXTI控制器有19个中断/事件输入线，这些输入线可以通过寄存器设置为任意一个GPIO，也可以是一些外设的事件，这部分内容将在后文专门讲解。输入线一般是存在电平变化的信号。

编号2是一个边沿检测电路，它会根据上升沿触发选择寄存器（EXTI_RTSR）和下降沿触发选择寄存器（EXTI_FTSR）对应位的设置控制信号触发。边沿检测电路以输入线作为信号输入端，如果检测到有边沿跳变就输出有效信号1给编号3电路，否则输出无效信号0。而EXTI_RTSR和EXTI_FTSR两个寄存器可以控制需要检测哪些类型的电平跳变过程，可以是只有上升沿触发、只有下降沿触发或上升沿和下降沿都触发。

编号3电路实际是一个或门电路，其中一个输入来自编号2电路，另外一个输入来自软件中断事件寄存器（EXTI_SWIER）。EXTI_SWIER允许用户通过程序控制就可以启动中断/事件线，这在某些地方非常有用。或门的作用可以简单理解为有1就为1，所以这两个输入任意一个为有效信号1就可以输出1给编号4和编号6电路。

编号4电路是一个与门电路，其中一个输入是编号3电路，另外一个输入来自中断屏蔽寄存器（EXTI_IMR）。与门电路要求输入都为1才输出1，导致的结果是如果EXTI_IMR设置为0时，那不管编号3电路的输出信号是1还是0，最终编号4电路输出的信号都为0。如果EXTI_IMR设置为1时，最终编号4电路输出的信号才由编号3电路的输出信号决定，这样可以通过控制EXTI_IMR实现是否产生中断的目的。编号4电路输出的信号会被保存到挂起寄存器（EXTI_PR）内，如果确定编号4电路输出为1就会把EXTI_PR对应位置1。

编号5是将 EXTI_PR寄存器内容输出到NVIC内，从而实现系统中断事件控制。

下方虚线指示的电路流程是一个产生事件的线路，最终输出一个脉冲信号。产生事件线路在编号3电路后与中断线路有所不同，之前电路都是共用的。

编号6电路是一个与门，其中一个输入来自编号3电路，另外一个输入来自事件屏蔽寄存器（EXTI_EMR）。如果EXTI_EMR设置为0时，那么无论编号3电路的输出信号是1还是0，最终编号6电路输出的信号都为0；如果EXTI_EMR设置为1时，最终编号6电路输出的信号才由编号3电路的输出信号决定，这样我们可以通过控制EXTI_EMR实现是否产生事件的目的。

编号7是一个脉冲发生器电路，当它的输入端，即编号6电路的输出端，是一个有效信号1时就会产生一个脉冲；如果输入端是无效信号就不会输出脉冲。

编号8是一个脉冲信号，即产生事件的线路的最终产物，这个脉冲信号可以给其他外设电路使用，比如定时器TIM、模拟数字转换器ADC等，这样的脉冲信号一般用来触发TIM或ADC开始转换。

产生中断线路的目的是把输入信号输入到NVIC，进一步运行中断服务函数，实现功能，这属于软件级。而产生事件线路的另一个目的是传输一个脉冲信号给其他外设使用，并且是电路级别的信号传输，属于硬件级。另外，EXTI是在APB2总线上的，在编程时需要注意到这点。

二、使用库函数配置外部中断

使能I/O接口时钟，初始化I/O接口为输入。要使用I/O接口作为中断输入，需要使能相应的I/O接口时钟，以及初始化相应的I/O接口为输入模式。

开启SYSCFG时钟，设置I/O接口与中断线的映射关系。接下来需要配置GPIO与中断线的映射关系，首先打开SYSCFG时钟。代码如下：

```
RCC_APB2PeriphClockCmd(RCC_APB2Periph_SYSCFG,ENABLE);//使能SYSCFG时钟
```

这里一定要注意，只要使用到外部中断，就必须打开SYSCFG时钟。接下来，配置GPIO与中断线的映射关系。在库函数中，可通过SYSCFG_EXTILineConfig()函数实现。代码如下：

```
void SYSCFG_EXTILineConfig(uint8_t EXTI_PortSourceGPIOx,uint8_t EXTI_PinSourcex);
```

该函数将GPIO端口与中断线映射起来，使用范例为

```
SYSCFG_EXTILineConfig(EXTI_PortSourceGPIOA,EXTI_PinSource0);
```

将中断线0与GPIOA映射起来，显然是GPIOA.0与EXTI1中断线连接。设置好中断线映射之后，接下来通过设置该中断线上中断的初始化参数可知这个I/O接口的中断是通过什么方式触发的。中断线上中断的初始化是通过函数EXTI_Init()实现的。EXTI_Init()函数的定义为

```
voidEXTI_Init(EXTI_InitTypeDef* EXTI_InitStruct);
```

下面通过一个使用范例说明这个函数的使用：

```
EXTI_InitTypeDef EXTI_InitStructure;
EXTI_InitStructure.EXTI_Line=EXTI_Line1;
EXTI_InitStructure.EXTI_Mode= EXTI_Mode_Interrupt;
EXTI_InitStructure.EXTI_Trigger= EXTI_Trigger_Falling;
EXTI_InitStructure.EXTI_LineCmd= ENABLE;
EXTI_Init(&EXTI_InitStructure);                    //初始化外设EXTI寄存器
```

上面的例子设置中断线1上的中断为下降沿触发。STM32外设的初始化均通过结构体设置初始值，这里不再讲解结构体初始化的过程。结构体EXTI_InitTypeDef的成员变量定义为

```
typedefstruct
{   uint32_t EXTI_Line;
    EXTIMode_TypeDefEXTI_Mode;
    EXTITrigger_TypeDefEXTI_Trigger;
```

```
        FunctionalStateEXTI_LineCmd;
}EXTI_InitTypeDef;
```

从定义可以看出，有4个参数需要设置。第一个参数是中断线的标号，对于外部中断，取值范围为EXTI_Line0~EXTI_Line15。即该函数配置的是某个中断线上的中断参数。第二个参数是中断模式，可选值为中断EXTI_Mode_Interrupt和事件EXTI_Mode_Event。第三个参数是触发方式，可以是下降沿触发EXTI_Trigger_Falling、上升沿触发EXTI_Trigger_Rising或任意电平（上升沿和下降沿）触发EXTI_Trigger_Rising_Falling。

配置中断分组（NVIC），并使能中断。设置好中断线和GPIO映射关系，以及中断的触发模式等初始化参数，还要设置NVIC中断优先级。设置中断线1的中断优先级代码如下：

```
NVIC_InitTypeDefNVIC_InitStructure;
NVIC_InitStructure.NVIC_IRQChannel= EXTI1_IRQn;
                                                //使能按键外部中断通道
NVIC_InitStructure.NVIC_IRQChannelPreemptionPriority= 0x02;
                                                //抢占优先级2
NVIC_InitStructure.NVIC_IRQChannelSubPriority= 0x02;        //响应优先级2
NVIC_InitStructure.NVIC_IRQChannelCmd= ENABLE;
                                                //使能外部中断通道
NVIC_Init(&NVIC_InitStructure);                 //中断优先级分组初始化
```

编写中断服务函数。配置完中断优先级之后，接着要做的就是编写中断服务函数。中断服务函数的名字是在MDK中事先定义的。这里需要说明的是，STM32F4的I/O接口外部中断函数只有7个，分别为

```
EXPORTEXTI0_IRQHandler
EXPORTEXTI1_IRQHandler
EXPORTEXTI2_IRQHandler
EXPORT EXTI3_IRQHandler
EXPORTEXTI4_IRQHandler
EXPORTEXTI9_5_IRQHandler
EXPORTEXTI15_10_IRQHandler
```

中断线0~4分别对应一个中断函数，中断线5~9共用中断函数EXTI9_5_IRQHandler，中断线10~15共用中断函数EXTI15_10_IRQHandler。在编写中断服务函数时经常使用到两个函数，第一个函数是判断某个中断线上的中断是否发生（标志位是否置位）：

```
ITStatusEXTI_GetITStatus(uint32_t EXTI_Line);
```

该函数一般使用在中断服务函数的开头判断中断是否发生。另一个函数是清除某个中断线上的中断标志位：

```
voidEXTI_ClearITPendingBit(uint32_t EXTI_Line);
```

该函数一般应用在中断服务函数结束之前,认清除中断标志位。

常用的中断服务函数格式为:

```
voidEXTI3_IRQHandler(void)
{
    if(EXTI_GetITStatus(EXTI_Line3)!=RESET)//判断某个线上的中断是否发生
    {
        EXTI_ClearITPendingBit(EXTI_Line3);//清除Line上的中断标志位
    }
}
```

在这里需要说明一下,固件库还提供了两个函数用来判断外部中断状态以及清除外部状态标志位,EXTI_GetFlagStatus()和EXTI_ClearFlag(),它们的作用和前面两个函数的作用类似。只是在EXTI_GetITStatus()函数中会先判断这种中断是否使能,使能后才去判断中断标志位,而EXTI_GetFlagStatus()函数则直接用于判断状态标志位。

三、光敏电阻的认知

1. 光敏电阻简介

光敏电阻是用硫化镉或硒化镉等半导体材料制成的特殊电阻器,其工作原理是内光电效应。光照愈强,阻值就愈低,随着光照强度的升高,电阻值迅速降低,亮电阻值可小至1 kΩ以下。光敏电阻对光线十分敏感,其在无光照时,呈高阻状态,暗电阻一般可达1.5 MΩ。光敏电阻的特殊性能,随着科技的发展正在得到极其广泛的应用,其外观如图5.18所示。

图5.18 光敏电阻

2. 光敏电阻的工作原理

光敏电阻的工作原理是内光电效应。在半导体光敏材料两端装上电极引线,将其封装在带有透明窗的管壳中即可构成光敏电阻,为了增加灵敏度,两电极常做成梳状。用于制造光敏电阻的材料主要是金属的硫化物、硒化物和碲化物等半导体。通常采用涂敷、喷涂、烧结等方法在绝缘衬底上制作很薄的光敏电阻体及梳状欧姆电极,接出引线,封装在具有透光镜的密封壳体内,以免受潮影响其灵敏度。入射光消失后,由光子激发产生的电子-空穴对复合,光敏电阻的阻值恢复原值。在光敏电阻两端的金属电极加上电压,有电流通过,受到一定波长的光线照射时,电流就会随光强的增大而变大,从而实现光电转换。光敏电阻没有极性,纯粹是一个电阻器件,使用时既可加直流电压,也可加交流电压。半导体的导电能力取决于半导体导带内载流子数目的多少。

3. 光敏电阻的应用

光敏电阻属半导体光敏器件,除灵敏度高、反应速度快、光谱特性及r值一致性好等特点外,在高温、潮湿的恶劣环境下,也保持高度的稳定性和可靠性,可广泛应用于照相机、太阳能庭院灯、草坪灯、验钞机、石英钟、音乐杯、礼品盒、迷你小夜灯、光声控开关、路灯自动开关以及各种光控玩具、光控灯饰、灯具等光自动开关控制领域。图5.19所示为一个光控LED小灯电路。

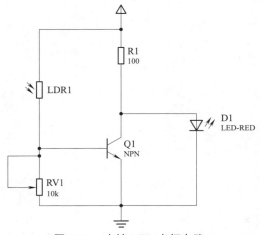

图 5.19 光控 LED 小灯电路

项目实现

一、原理图

在Proteus中搜索LDR可以找到照度可调的光敏电阻，照度默认设定可从0.1 lx以1 lx为单位逐级调高。报警扬声器可搜索SOUNDER，输入一定频率的声音可以发出声音。需要注意的是在实际电路搭建中，STM32的I/O接口输出功率不足以推动中小型扬声器发声，所以需要接入集成运算放大电路或者功率放大电路才可正常发声。汽车报警器仿真电路原理图如图5.20所示。

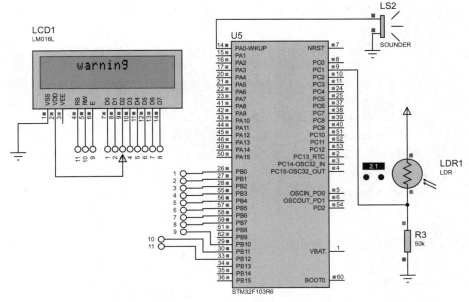

图 5.20 汽车报警器仿真电路原理图

二、参考程序

根据项目5.4的exit.c文件，本项目需要检测电平的上升沿和下降沿，修改代码如下：

```c
#include "stm32f10x.h"
extern int i,PCT,sum;
#define KEY1   GPIO_ReadInputDataBit(GPIOC,GPIO_Pin_1)

void exit_config(void)
{
    EXTI_InitTypeDef EXTI_InitStructure;
    NVIC_InitTypeDef  NVIC_InitStructure;

    RCC_APB2PeriphClockCmd(RCC_APB2Periph_AFIO,ENABLE);

    GPIO_EXTILineConfig(GPIO_PortSourceGPIOC,GPIO_PinSource1);
//EXTI12EXTI_Line12中断线1与PC1映射，设置PC1为中断源EXTI_Line1

    EXTI_InitStructure.EXTI_Line=EXTI_Line1;
            //将中断映射到中断线EXTI_Line1上
    EXTI_InitStructure.EXTI_Mode = EXTI_Mode_Interrupt;
            //设置为中断模式
    EXTI_InitStructure.EXTI_Trigger = EXTI_Trigger_Rising_Falling;
            //设置为上升下降沿触发中断
    EXTI_InitStructure.EXTI_LineCmd = ENABLE;
            //中断使能，即开中断
    EXTI_Init(&EXTI_InitStructure);
            //根据EXTI_InitStruct中指定的参数初始化外设EXTI寄存器

    NVIC_InitStructure.NVIC_IRQChannel = EXTI1_IRQn;
            //使能按键所在的外部中断通道
    NVIC_InitStructure.NVIC_IRQChannelPreemptionPriority = 0x0;
            //抢占优先级0位
    NVIC_InitStructure.NVIC_IRQChannelSubPriority = 0x0f;
            //响应优先级4位，优先级15为最低优先级
    NVIC_InitStructure.NVIC_IRQChannelCmd = ENABLE;
            //使能外部中断通道
    NVIC_Init(&NVIC_InitStructure);              //中断优先级分组初始化
}

void EXTI1_IRQHandler(void)
{
    if(i==0)
    {
```

```
            i=1;
            LCD1602_ShowStr(4,0,"warning",7);
        }
        else
        {
            i=0;
            LCD1602_ShowStr(4,0," safe ",7);        //注意safe前后都有空格
        }
}
```

光敏电阻输入和扬声器输出的I/O接口初始化：

```
void KEY_Init()
{
    GPIO_InitTypeDef GPIO_InitStructure;
    RCC_APB2PeriphClockCmd(RCC_APB2Periph_GPIOC,ENABLE);
                                                //使能PORTC时钟
    GPIO_InitStructure.GPIO_Pin = GPIO_Pin_1;
    GPIO_InitStructure.GPIO_Mode = GPIO_Mode_IPD;//设置成下拉输入
    GPIO_InitStructure.GPIO_Speed = GPIO_Speed_50MHz;
    GPIO_Init(GPIOC,&GPIO_InitStructure);       //初始化
}
void SPEAKER_Init()
{
    GPIO_InitTypeDef GPIO_InitStructure;
    RCC_APB2PeriphClockCmd(RCC_APB2Periph_GPIOA,ENABLE);
                                                //使能PORTA.PORTE时钟
    GPIO_InitStructure.GPIO_Pin = GPIO_Pin_0;
    GPIO_InitStructure.GPIO_Mode = GPIO_Mode_Out_PP ;
                                                //设置成下拉输入
    GPIO_InitStructure.GPIO_Speed = GPIO_Speed_50MHz;
    GPIO_Init(GPIOA,&GPIO_InitStructure);   //初始化
}
```

主函数为

```
int main(void)
{
    KEY_Init();
    LCD1602_Init();
    exit_config();
    SPEAKER_Init();
    LCD1602_ShowStr(4,0,"safe",7);
    while(1)
    {
        if(i==1)
```

```
            {
                GPIO_SetBits(GPIOA,GPIO_Pin_0);
                GPIO_ResetBits(GPIOA,GPIO_Pin_0);
                Delay(1);
            }
            else
                GPIO_ResetBits(GPIOA,GPIO_Pin_0);
    }
}
```

项目总结

本项目通过中断的方法模拟仿真了汽车报警器的功能，并且学习了光敏电阻的使用方法。由于 Proteus 对 STM32 在延时仿真时还不能完全和现实时间同步，所以报警声音可能会和实际声音不一致。如果想调整声音的音调，可以修改 Delay() 函数中的局部变量 i 值。

专题六　STM32 定时器设计

 教学导航

　　STM32定时器设计的重要性在于其能够实现精确的时间控制和任务调度，为系统提供高效、稳定的运行支持。它可以生成各种频率的信号，满足不同应用的需求。本专题继续深化中断概念的讲解，引入定时器中断的配置，实现倒计时器、电子秒表、PWM波形发生器和音乐播放器的仿真设计，训练针对STM32定时器寄存器和库函数的编程与调试技能。

项目内容	基于 SysTick 定时器的汽车双闪灯模拟仿真 基于 SysTick 定时器的倒计时器模拟仿真 电子秒表的模拟仿真 PWM 波形发生器的模拟仿真 音乐播放器设计
能力目标	能够使用 STM32 定时器的寄存器和库函数对定时器进行编程，实现定时器的定时、PWM 输出控制电动机等基本项目的设计、运行和调试
知识目标	掌握 STM32 时钟系统 掌握 STM32 定时器的分类和使用方法 掌握 STM32 定时器编程相关的寄存器和库函数 掌握 STM32 的 TIM 定时器和定时程序设计 掌握 STM32 定时器输出 PWM 方波控制电动机的方法
重点和难点	重点：STM32 的时钟系统、定时器分类和基本使用方法 难点：调用 STM32 定时器的相关寄存器和库函数对 TIM 定时器根据项目需求进行编程
学时建议	16 学时
项目开发环境	EL 教学实训箱和 Proteus 仿真软件
电赛应用	在历年的电子设计大赛中，经常考查各类电动机、自行小车和四轴飞行器的控制，故定时器的应用是最重要的功能点。可以说，熟练掌握了定时器控制各类电动机的转速和方向，就可以完成多数控制类题目的部分基本功能。例如： 具有发电功能的储能小车（2021 年 I 题） 照度稳定可调 LED 台灯（2021 年 K 题） 巡线机器人（2019 年 B 题） 滚球控制系统（2017 年 B 题） 四旋翼自主飞行器探测跟踪系统（2017 年 C 题）

跟着做：汽车 LED 双闪灯的模拟仿真（基于 SysTick 定时器）

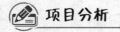

在之前的项目中，可通过Delay()函数实现定时的功能。例如：

```
void Delay(unsignedintcount)                              //延时函数
{
    unsigned inti;
    for(;count!=0;count--)
    {
        i=5000;
        while(i--);
    }
}
```

或者：

```
void Delay1us()                          //@11.0592 MHz
{
    _nop_();
    _nop_();
    _nop_();
}
void Delay100us()                        //@11.0592 MHz
{
    unsigned char i,j;
    _nop_();
    _nop_();
    i=2;
    j=15;
    do
    {
        while(--j);
    }while(--i);
}
```

延时的方式是使用单片机的逻辑指令（如while、if）或单片机的空指令（如nop等）组成的函数达到延时效果。上述程序都是通过Delay()函数，组合nop、while等函数达到使单片机CPU空转，即什么都不做但是会占用系统时间达到延时的目的，其中一个nop指令会占用一个周期。使用这种方式让CPU在一段时间内不作任何操作，即在延时函数执行过程中，单片机无法执行其他程序，包括查询、控制等指令，无法实现程序的预期效果。如果想实现间隔一段时间去执行某一个指令，同时此条指令相对于主函数中while()函数中的指令是互不影响、相对独立的，可以使用定时器的方式。

本项目使用STM32的SysTick定时器重新编写驱动汽车LED双闪灯的模拟仿真代码。

知识链接

一、定时器的认知

STM32的基本定时器是一个结合触发器、寄存器能够达到定时器效果并且可以实现中断功能的模块。它的简要工作流程如图6.1所示。

定时器首先会使用寄存器设定初始值达到设定定时时间的目的,开启定时器计时后,定时器到了指定时间触发中断程序然后重载定时器的初值,一直循环下去,每隔设定时间后就会执行指定的程序。

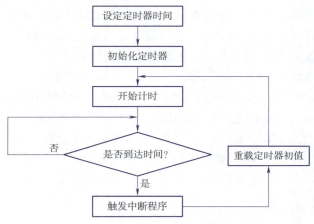

图 6.1 定时器工作流程

定时器最基本的功能是定时即实现单位间隔时间的计数,用于替代Delay()函数。通过STM32定时器可以实现微秒级别的计时功能,但对于嵌入式开发者来说这个时间太短了,所以通过后面的学习还需要通过分频的方式将这个时间拉长,可实现万年历的设计,如图6.2所示。

除了基本的定时和计数功能外,STM32定时器还可以产生PWM方波信号控

图 6.2 电子万年历

制直流电动机,产生毫秒宽的脉冲信号控制步进电动机,将信号传输给电动机驱动模块来驱动不同类型电动机的转速和转动方向,通过定时器的中断可以实现在驱动电动机的同时完成其他程序运行的功能,直流和步进电动机如图6.3所示。

图 6.3 直流电动机和步进电动机

通过STM32定时器的输入捕获功能，可以在理论上实现百兆赫频率计的功能，用于测量矩形波周期信号的频率值，也可以测量信号的周期和脉冲宽度，可作为一个简单的频率响应分析仪使用，频率计如图6.4所示。

图6.4　频率计

二、STM32定时器概述

在STM32内部，有由专门的硬件电路构成的可编程定时/计数器。定时/计数器最基本的功能就是对脉冲信号（内部机器周期或外部时钟脉冲）进行自动计数，计数的过程由硬件完成，不需要STM32的干预。但是STM32可以通过指令设置定时/计数器的工作方式，以及根据定时/计数器的计数值或工作状态做必要的处理和响应。

STM32F1系列中，除了互联型的产品，共有八个定时器，分为基本定时器、通用定时器和高级定时器。基本定时器TIM6和TIM7是一个16位的只能向上计数的定时器，只能定时，没有外部I/O接口。通用定时器TIM2/3/4/5是一个16位的可以向上/下计数的定时器，可以定时、输出比较或输入捕捉，每个定时器有四个外部I/O接口。高级定时器TIM1/8是一个16位的可以向上/下计数的定时器，可以定时、输出比较或输入捕捉，还可以由三相电动机互补输出信号，每个定时器有八个外部I/O接口。

项目实现

一、原理图

同项目3.2原理图，如图3.12所示。

二、参考程序

```c
#include"stm32f10x.h"
#include"bsp_SysTick.h"
uint32_t count;
void delay(uint32_t ntime)                //延时函数，ntime就是次数
{
    count=ntime;
    //ntime值由用户设定，即进入SysTick中断的次数，ntime赋值给全局变量count
    while(count!=0);
    //进入Systick中断一次，count就减1，此处判断count减到零时跳出while
}

int main(void)
{
    int i;
    GPIO_InitTypeDefGPIO_InitStructure;
    RCC_APB2PeriphClockCmd(RCC_APB2Periph_GPIOA,ENABLE);
    GPIO_InitStructure.GPIO_Pin=0X0F;
```

```
        GPIO_InitStructure.GPIO_Mode=GPIO_Mode_Out_OD;
        GPIO_InitStructure.GPIO_Speed=GPIO_Speed_10MHz;
        GPIO_Init(GPIOA,&GPIO_InitStructure);
        SysTick_Config(1000);                          //配置1 MHz主频
        while(1)
        {
            GPIO_Write(GPIOA,0X0F);
            delay(1000);
            GPIO_Write(GPIOA,0X00);
            delay(1000);
        }
    }
```

头文件bsp_SysTick.h代码如下:

```
#include"bsp_SysTick.h"
#include"core_cm3.h"
#include"misc.h"

static__IOu32TimingDelay;

/**
*@brief启动系统滴答定时器SysTick
*@param无
*@retval无
*/
void SysTick_Init(void)
{
    /*SystemFrequency/1000    1 ms中断一次
    *SystemFrequency/100000   10 μs中断一次
    *SystemFrequency/1000000  1 μs中断一次
    */
    if(SysTick_Config(SystemFrequency/100000))      //ST3.0.0库版本
    if(SysTick_Config(SystemCoreClock/100000))      //ST3.5.0库版本
    {
        /*Captureerror*/
        while(1);
    }
}

/**
*@briefus延时程序,10 μs为一个单位
*@param
*@argnTime:Delay_us(1)则实现的延时为1×10 μs=10 μs
*@retval无
```

```c
*/
void Delay_us(__IO u32 nTime)
{
    TimingDelay=nTime;

                                        //使能滴答定时器
    SysTick->CTRL|=SysTick_CTRL_ENABLE_Msk;

    while(TimingDelay!=0);
}
/**
*@brief获取节拍程序
*@param无
*@retval无
*@attention在SysTick中断函数SysTick_Handler()中调用
*/
void TimingDelay_Decrement(void)
{
    if(TimingDelay!=0x00)
    {
        TimingDelay--;
    }
}
#if 0
//此固件库函数在core_cm3.h中
static __INLINE uint32_t SysTick_Config(uint32_t ticks)
{
    //reload寄存器为24位,最大值为2^24
    if(ticks>SysTick_LOAD_RELOAD_Msk)return(1);

    //配置reload寄存器的初始值
    SysTick->LOAD=(ticks&SysTick_LOAD_RELOAD_Msk)-1;

    //配置中断优先级为1<<4-1=15,优先级为最低
    NVIC_SetPriority(SysTick_IRQn,(1<<__NVIC_PRIO_BITS)-1);

    //配置counter计数器的值
    SysTick->VAL=0;

    //配置SysTick的时钟为72 MHz
    //使能中断
    //使能SysTick
    SysTick->CTRL=SysTick_CTRL_CLKSOURCE_Msk|
    SysTick_CTRL_TICKINT_Msk|
```

```
        SysTick_CTRL_ENABLE_Msk;
        return(0);
}
#endif
//couter减1的时间等于1/SysTick_clk
//当counter从reload的值减小到0时，为一个循环，如果开启了中断则执行中断服务程
  序，同时CTRL的countflag位置1
//这个循环的时间为reload×(1/SysTick_clk)
void SysTick_Delay_Us(__IOuint32_tus)
{
    uint32_t i;
    SysTick_Config(SystemCoreClock/1000000);

    for(i=0;i<us;i++)
    {
        //当计数器的值减小到0时，CRTL寄存器的位16置1
        while(!((SysTick->CTRL)&(1<<16)));
    }
    //关闭SysTick定时器
    SysTick->CTRL&=~SysTick_CTRL_ENABLE_Msk;
}

void SysTick_Delay_Ms(_IOuint32_tms)
{
    uint32_t i;
    SysTick_Config(SystemCoreClock/1000);

    for(i=0;i<ms;i++)
    {
        //当计数器的值减小到0时，CRTL寄存器的位16置1
        //当置1时，读取该位清0
        while(!((SysTick->CTRL)&(1<<16)));
    }
    //关闭SysTick定时器
    SysTick->CTRL&=~SysTick_CTRL_ENABLE_Msk;
}
```

在USER文件夹中找到stm32f10x_it.c，加入外部变量定义和修改SysTick_Handler()函数：

```
extern unsigned int count;
void SysTick_Handler(void)
{
    count--;
}
```

项目总结

在 Keil 编译器中单击 OptionsforTarget 按钮,在弹出的对话框中选择 Target 选项卡,在其中设置 STM32 晶振为 1 MHz,即在 Xtal(MHz)文本框中输入"1.0",单击 OK 按钮,如图 6.5 所示。然后在仿真软件中,双击 STM32 芯片,弹出 Edit Component 对话框,在 Crystal Frequency(晶振)文本框中输入"1000000",单击 OK 按钮,如图 6.6 所示,仿真运行后,可以看到小灯闪烁间隔为 1 s,以仿真软件运行时间为基准实现了精确延时。

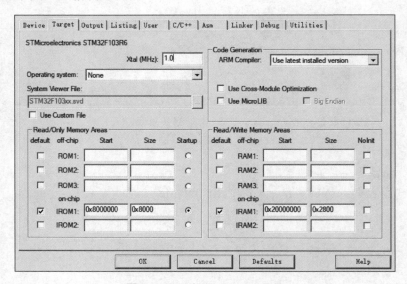

图 6.5 Keil 设置 STM32 晶振

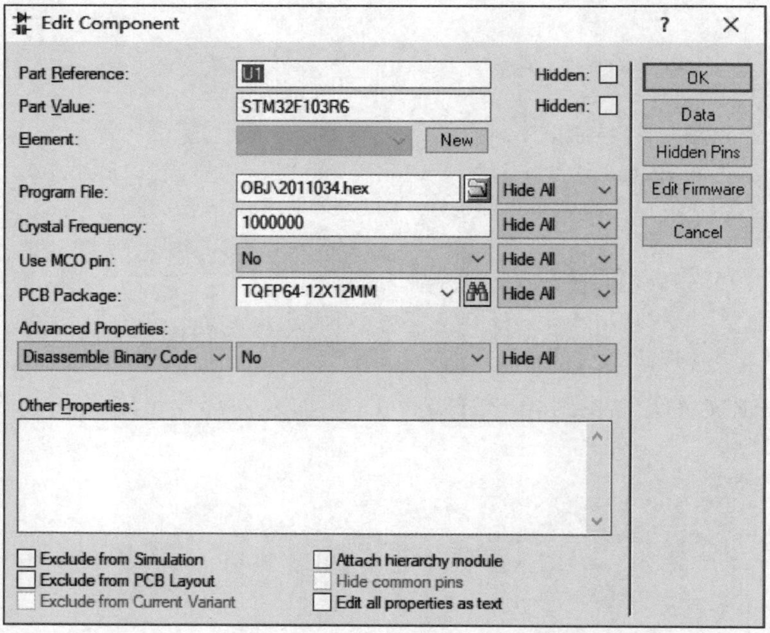

图 6.6 Proteus 设置 STM32 晶振

交流与思考	定时器在等待时间到来的时候 CPU 在做什么？
	定时器是独立于 CPU 的一个单元。在定时器开启后，CPU 会去执行其他程序，计时结束后，中断触发程序会通知 CPU 处理中断程序。这样在等待时间内 CPU 也在正常工作，大大提高了 CPU 的效率。

项目 6.2　我能做：倒计时器的模拟仿真（基于 SysTick 定时器）

 项目分析

设计一个基于 SysTick 定时器的倒计时器，时钟显示由分和秒组成，用户可以预设倒计时器的时间，并且具有开始和暂停倒计时功能。

知识链接

一、STM32 系统时钟 RCC

STM32 本身十分复杂，外设非常多，但实际使用时只会用到有限的几个外设，使用任何外设都需要时钟才能启动，但并不是所有外设都需要系统时钟那么高的频率，如果为了兼容不同速度的设备都用高速时钟，势必造成浪费。并且，同一个电路，时钟越快功耗越大，同时抗电磁干扰能力也就越弱，所以较为复杂的 MCU 都是采用多时钟源的方法解决这些问题。所以便有了 STM32 的时钟系统和时钟树。系统时钟 RCC 在使用时要注意以下几点：

（1）STM32 时钟系统主要目的是给相对独立的外设模块提供时钟，也是为了降低整个芯片的耗能。

（2）系统时钟是处理器运行时间的基准（每一条机器指令对应一个时钟周期，精简指令集）。

（3）不同的功能模块会有不同的时钟上限，因此提供不同的时钟，也能在一个单片机内放置更多的功能模块。对不同模块的时钟增加开启和关闭功能，可以降低单片机的功耗。STM32 为了低功耗，将所有的外设时钟都设置为不使能，用到什么外设，只要打开对应外设的时钟即可，这样耗能就会减少。时钟系统框图（时钟树）如图 6.7 所示。

从图 6.7 左侧方框可以看到，在 STM32 中，有四个时钟源和一个锁相环倍频输出，分别为 HSI、HSE、LSI、LSE、PLL。其中：

（1）HSI 是高速内部时钟，RC 振荡器，频率为 8 MHz。

（2）HSE 是高速外部时钟，可接石英/陶瓷谐振器或外部时钟源，频率范围为 4~16 MHz。

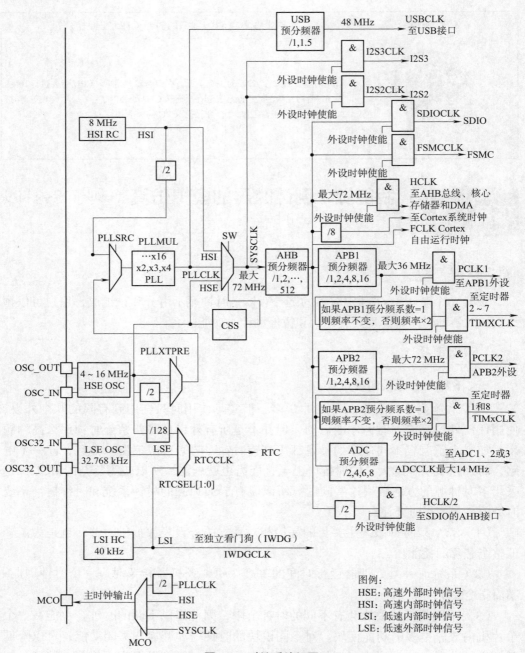

图 6.7 时钟系统框图

（3）LSI是低速内部时钟，RC振荡器，频率为40 kHz。

（4）LSE是低速外部时钟，接频率为32.768 kHz的石英晶体。

（5）PLL为锁相环倍频输出，其时钟输入源可选择为HSI/2、HSE或HSE/2。倍频可选择为2~16倍，但是其输出频率最大不得超过72 MHz。

其中40 kHz的LSI供独立看门狗定时器（IWDG）使用，还可以被选择为实时时钟RTC的时钟源。另外，实时时钟RTC的时钟源还可以选择LSE，或HSE的128分频。RTC的时钟源通过RTCSEL[1:0]选择。

STM32中有一个全速功能的USB模块，其串行接口引擎需要一个频率为48 MHz的时钟源。该时钟源只能从PLL输出端获取，可以选择为1.5分频或者1分频，即当需要使用USB模块时，PLL必须使能，并且时钟频率配置为48 MHz或72 MHz。

另外，STM32还可以选择一个时钟信号输出到MCO脚（PA8端口）上，可以选择为PLL输出的2分频、HSI、HSE或系统时钟。

系统时钟SYSCLK，它是供STM32中绝大部分部件工作的时钟源。系统时钟可选择为PLL输出、HSI或HSE。系统时钟最大频率为72 MHz，通过AHB分频器分频后送给各模块使用，AHB分频器可选择1、2、4、8、16、64、128、256、512分频。其中AHB分频器输出的时钟送给五大模块使用：

（1）送给AHB总线、内核、内存和DMA使用的HCLK时钟。

（2）通过8分频后送给Cortex系统的定时器时钟。

（3）直接送给Cortex系统的空闲运行时钟FCLK。

（4）送给APB1分频器。APB1分频器可选择1、2、4、8、16分频，其输出一路供APB1外设使用（PCLK1，最大频率36 MHz），另一路送给定时器（Timer）2、3、4倍频器使用。该倍频器可选择1或2倍频，时钟输出供定时器2、3、4使用。

（5）送给APB2分频器。APB2分频器可选择1、2、4、8、16分频，其输出一路供APB2外设使用（PCLK2，最大频率72 MHz），另一路送给定时器（Timer）1倍频器使用。该倍频器可选择1或2倍频，时钟输出供定时器1使用。另外，APB2分频器还有一路输出供ADC分频器使用，分频后送给ADC模块使用。ADC分频器可选择为2、4、6、8分频。

在以上的时钟输出中，有很多是带使能控制的，如AHB总线时钟、内核时钟、各种APB1外设、APB2外设等。当需要使用某模块时，记得一定要先使能对应的时钟。

需要注意的是定时器的倍频器，当APB的分频为1时，它的倍频值为1，否则为2。

连接在APB1（低速外设）上的设备有：电源接口、备份接口、CAN、USB、I2C1、I2C2、UART2、UART3、SPI2、窗口看门狗、Timer2、Timer3、Timer4。注意USB模块虽然需要一个单独的48 MHz时钟信号，但它不是供USB模块工作的时钟，而只是提供给串行接口引擎（SIE）使用的时钟。USB模块工作的时钟应该是由APB1提供的。

连接在APB2（高速外设）上的设备有：UART1、SPI1、Timer1、ADC1、ADC2、所有普通I/O接口（PA~PE）、第二功能I/O接口。

以下RCC_Configuration()函数定义表示使用外部晶振，给整个系统提供振荡源。初始化外部晶振后，通过PLL倍频，再给系统时钟及挂载在AHB、APB1和APB2总线上的外设提供时钟。RCC配置流程如下：

（1）将RCC寄存器恢复为默认值RCC_DeInit；

（2）打开外部高速时钟晶振RCC_HSEConfig；

（3）等待外部高速时钟晶振工作；

（4）设置AHB时钟RCC_HCLKConfig；

（5）设置高速APB时钟RCC_PCLK2Config；

（6）设置低速APB时钟RCC_PCLK1Config；

（7）设置PLL锁相环RCC_PLLConfig；

（8）打开PLL锁相环RCC_PLLCmd；

（9）等待PLL锁相环工作：

```
while(RCC_GetFlagStatus(RCC_FLAG_PLLRDY)==RESET)
```

（10）设置系统时钟RCC_SYSCLKConfig；

（11）判断PLL是否为系统时钟：

```
while(RCC_GetSYSCLKSource()!=0x08)
```

（12）打开要使用的外设时钟：

```
RCC_APB2PeriphClockCmd/RCC_APB1PeriphClockCmd
```

根据RCC的工作过程，可查阅参考手册与库函数的使用手册进行配置。代码如下：

```
void RCC_Configuration(void)
{
    //----------使用外部RC晶振------------
    RCC_DeInit();                                  //初始化为默认值
    RCC_HSEConfig(RCC_HSE_ON);                     //使能外部的高速时钟
    while(RCC_GetFlagStatus(RCC_FLAG_HSERDY)==RESET);
                                                   //等待外部高速时钟使能就绪

    FLASH_PrefetchBufferCmd(FLASH_PrefetchBuffer_Enable);
                                                   //使能或失能预取指缓存
    FLASH_SetLatency(FLASH_Latency_2);             //Flash 2 wait state

    RCC_HCLKConfig(RCC_SYSCLK_Div1);               //HCLK=SYSCLK
    RCC_PCLK2Config(RCC_HCLK_Div1);                //PCLK2=HCLK
    RCC_PCLK1Config(RCC_HCLK_Div2);                //PCLK1=HCLK/2
    RCC_PLLConfig(RCC_PLLSource_HSE_Div1,RCC_PLLMul_9);
    //PLLCLK=8 MHz×9=72 MHz
    RCC_PLLCmd(ENABLE);                            //使能PLL时钟

    while(RCC_GetFlagStatus(RCC_FLAG_PLLRDY)==RESET);
                                                   //等待PLL时钟使能完毕
    RCC_SYSCLKConfig(RCC_SYSCLKSource_PLLCLK);     //选择PLL时钟源
    while(RCC_GetSYSCLKSource()!=0x08);            //等到PLL用作系统时钟源

    //----------打开相应外设时钟--------------------
    RCC_APB2PeriphClockCmd(RCC_APB2Periph_GPIOA,ENABLE);
                                                   //使能APB2外设的GPIOA时钟
}
```

二、STM32 的 SysTick 系统定时器

1. SysTick 定时器简介

SysTick（系统定时器）是属于CM3内核中的一个外设，内嵌在NVIC中。系统定时器是一个24位的向下递减的计数器，计数器每计数一次的时间为1/SYSCLK，一般设置系统时钟SYSCLK等于72 MHz。当重装载数值寄存器的值递减到0时，系统定时

器就产生一次中断,以此循环往复。因为SysTick是属于CM3内核的外设,所以所有基于CM3内核的单片机都具有该系统定时器,使得软件在CM3单片机中可以很容易地移植。系统定时器一般用于操作系统产生时基,维持操作系统的心跳。

SysTick定时器常用来做延时或实时系统的心跳时钟。这样可以节省MCU资源。如UCOS中,分时复用,需要一个最小的时间戳,一般在STM32+UCOS系统中,都采用SysTick做UCOS心跳时钟。

2. SysTick 寄存器简介

SysTick有四个寄存器,在使用SysTick产生定时时,只需要配置前三个寄存器,最后一个校准寄存器不需要使用。寄存器定义如下,可自行查询说明书学习每一位的配置方法和功能。

```
typedef struct
{
    __IO uint32_t CTRL;       //控制与状态寄存器
    __IO uint32_t LOAD;       //自动重装载值寄存器
    __IO uint32_t VAL;        //当前值寄存器
    __I  uint32_t CALIB;      //校准值寄存器
}SysTick_Type;
```

3. SysTick 库函数配置方法

SysTick是属于内核的外设,有关的寄存器定义和库函数都在内核相关的库文件core_cm4.h中。使用固件库编程时,调用库函数SysTick_Config()即可。函数定义如下:

```
__STATIC_INLINE uint32_t SysTick_Config(uint32_t ticks);
```

形参ticks用来设置重装载数值寄存器的值,最大值为2^{24}=16 777 216。

库函数SysTick_Config()主要配置了SysTick中的三个寄存器。其中还调用了NVIC_SetPriority()函数配置系统定时器的中断优先级。由于SysTick属于内核外设,与普通外设的中断优先级有区别,并没有抢占优先级和子优先级的说法。在系统定时器中,配置优先级为(1UL << __NVIC_PRIO_BITS)-1UL),其中宏__NVIC_PRIO_BITS为4,那么计算结果就等于15,可以看出系统定时器此时设置的优先级在内核外设中是最低的。SysTick初始化函数由用户编写,里面调用了SysTick_Config()固件函数,通过设置该函数的形参,可决定系统定时器经过多少时间产生一次中断。

```
void SysTick_Init(void)
{
    if(SysTick_Config(SystemCoreClock/100000))//10 μs
    {
        while(1);
    }
}
```

4. SysTick 中断时间和定时时间的计算

SysTick 的计数器执行的是倒计时，要计算中断计数时间，需要知道计数总量（STK_LOAD 的值）、时钟源频率两个参数。这相当于计算运动时间，需要知道距离和速度，那么 STK_LOAD 的值即为距离，时钟源频率即为速度。则中断计数时间为（假设 STK_LOAD 的值为 VALUE，时钟源频率为 CLK，中断计数时间为 T）

T=VALUE/CLK（其中，CLK 为 72 MHz）

当 STK_LOAD 的值 VALUE 减到 0 时，即可产生中断。如果设置 VALUE=72 000，那么中断一次的时间 T=72 000/72 MHz=1 ms。

得出中断一次的时间后，可以设置一个变量 n，用来记录中断次数，那么最终的定时时间即为 Tn。如需要产生 1 s 时基，实现 LED 灯 1 s 闪烁一次，则 n 为 1 000 时满足要求，代码如下：

```
#defineSysTick_CTRL_ENABLE_Pos0
#defineSysTick_CTRL_ENABLE_Msk(1ul<<SysTick_CTRL_ENABLE_Pos)

/**
*@brief毫秒级的定时函数
*@paramn:毫秒数,如n为1 000,则计时1 000×1 ms=1 s
*@retval无
*/
void SysTick_Delay_ms(uint32_tn){
    uint32_t i;
    SysTick_Config(72000);       //产生1 ms的中断(72 000/72 MHz=1 ms)

    for(i=0;i<n;i++)
    {
        while(!((SysTick->CTRL)&(1<<16)));
    }

    SysTick->CTRL&=~SysTick_CTRL_ENABLE_Msk;       //失能SysTick
}
```

由于 SysTick 不会自动停止，所以需要在异常/中断处理中将其停止，即失能 SysTick。到这里为止，一个简单的 SysTick 定时实验完成了，之后只要在 main 函数中调用 SysTick_Delay_ms(1000) 函数，即可实现 1 s 的精确 SysTick 定时，而不是使用普通不精确延时函数。

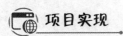
项目实现

一、原理图

倒计时时钟采用 1602 显示的方式，三个按键分别实现秒钟加一、分钟加一和开始/停止功能，仿真电路原理图如图 6.8 所示。

专题六　STM32 定时器设计　161

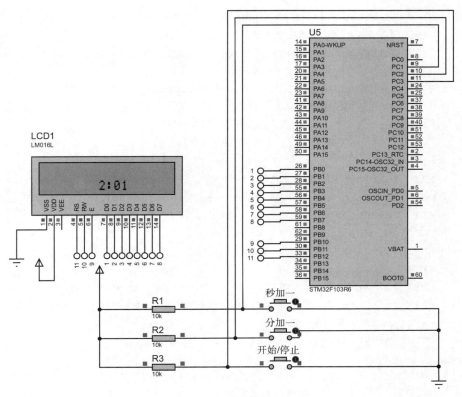

图 6.8　倒计时器模拟仿真

二、参考程序

exit.c 编写了三个按键外部中断初始化函数和外部中断子函数，代码如下：

```
#include "stm32f10x.h"//外部中断初始化,NVIC外部中断的配置,PC123上升沿触发
#define KEY1  GPIO_ReadInputDataBit(GPIOC,GPIO_Pin_1)
#define KEY2  GPIO_ReadInputDataBit(GPIOC,GPIO_Pin_2)
#define KEY3  GPIO_ReadInputDataBit(GPIOC,GPIO_Pin_3)
extern int i,f;         //外部变量声明
void exit_config(void)//外部中断初始化,NVIC外部中断的配置,PC123上升沿触发
{
    EXTI_InitTypeDef EXTI_InitStructure;
    NVIC_InitTypeDef  NVIC_InitStructure;

    RCC_APB2PeriphClockCmd(RCC_APB2Periph_AFIO,ENABLE);

    GPIO_EXTILineConfig(GPIO_PortSourceGPIOC,GPIO_PinSource1);
    GPIO_EXTILineConfig(GPIO_PortSourceGPIOC,GPIO_PinSource2);
    GPIO_EXTILineConfig(GPIO_PortSourceGPIOC,GPIO_PinSource3);

    EXTI_InitStructure.EXTI_Line=EXTI_Line1;
            //将中断映射到中断线EXTI_Line1上
```

```
        EXTI_InitStructure.EXTI_Mode = EXTI_Mode_Interrupt;
                //设置为中断模式
        EXTI_InitStructure.EXTI_Trigger = EXTI_Trigger_Rising;
                //设置为上升触发中断
        EXTI_InitStructure.EXTI_LineCmd = ENABLE;
                //中断使能,即开中断
        EXTI_Init(&EXTI_InitStructure);
                //根据EXTI_InitStruct中指定的参数初始化外设EXTI寄存器

        EXTI_InitStructure.EXTI_Line=EXTI_Line2;
        EXTI_InitStructure.EXTI_Mode = EXTI_Mode_Interrupt;
        EXTI_InitStructure.EXTI_Trigger = EXTI_Trigger_Rising;
        EXTI_InitStructure.EXTI_LineCmd = ENABLE;
        EXTI_Init(&EXTI_InitStructure);
        EXTI_InitStructure.EXTI_Line=EXTI_Line3;
        EXTI_InitStructure.EXTI_Mode = EXTI_Mode_Interrupt;
        EXTI_InitStructure.EXTI_Trigger = EXTI_Trigger_Rising;
        EXTI_InitStructure.EXTI_LineCmd = ENABLE;
        EXTI_Init(&EXTI_InitStructure);

        NVIC_InitStructure.NVIC_IRQChannel = EXTI1_IRQn;
                //使能按键所在的外部中断通道
        NVIC_InitStructure.NVIC_IRQChannelPreemptionPriority = 0x0;
                //抢占优先级0位
        NVIC_InitStructure.NVIC_IRQChannelSubPriority = 0x0f;
                //响应优先级4位,优先级15,为最低优先级
        NVIC_InitStructure.NVIC_IRQChannelCmd = ENABLE;
                //使能外部中断通道
        NVIC_Init(&NVIC_InitStructure);    //中断优先级分组初始化

        NVIC_InitStructure.NVIC_IRQChannel = EXTI2_IRQn;
        NVIC_InitStructure.NVIC_IRQChannelPreemptionPriority = 0x0;
        NVIC_InitStructure.NVIC_IRQChannelSubPriority = 0x0f;
        NVIC_InitStructure.NVIC_IRQChannelCmd = ENABLE;
        NVIC_Init(&NVIC_InitStructure);

        NVIC_InitStructure.NVIC_IRQChannel = EXTI3_IRQn;
        NVIC_InitStructure.NVIC_IRQChannelPreemptionPriority = 0x0;
        NVIC_InitStructure.NVIC_IRQChannelSubPriority = 0x0f;
        NVIC_InitStructure.NVIC_IRQChannelCmd = ENABLE;
        NVIC_Init(&NVIC_InitStructure);
}

void EXTI1_IRQHandler(void)              //秒加1
```

```c
{
    if(KEY1==1)
    {
        delay(50);                                      //消抖
        if(KEY1==1)
        {
            i=i+1;
            LCD_ShowNum(7,1,i/60);
            LCD_ShowChar(8,1,':');
            LCD_ShowNum(9,1,i%60/10);
            LCD_ShowNum(10,1,i%60%10);
        }
    }

}

void EXTI2_IRQHandler(void)                             //分加1
{
    if(KEY2==1)
    {
        delay(50);
        if(KEY2==1)
        {
            i=i+60;
            LCD_ShowNum(7,1,i/60);
            LCD_ShowChar(8,1,':');
            LCD_ShowNum(9,1,i%60/10);
            LCD_ShowNum(10,1,i%60%10);
        }
    }
}
void EXTI3_IRQHandler(void)                             //开始/暂停
{
    if(KEY3==1)
    {
        delay(50);
        if(KEY3==1)
        {
            if(f==1)  f=0;
            else f=1;
        }
    }

}
```

主函数中在项目6.1基础上添加按键初始化函数，部分代码如下：

```c
void KEY_Init(void)                         //I/O接口初始化
{
    GPIO_InitTypeDef GPIO_InitStructure;

    RCC_APB2PeriphClockCmd(RCC_APB2Periph_GPIOC,ENABLE);
                                            //使能PORTA和PORTE时钟

    GPIO_InitStructure.GPIO_Pin = GPIO_Pin_3|GPIO_Pin_1|GPIO_Pin_2;
    GPIO_InitStructure.GPIO_Mode = GPIO_Mode_IPD;//设置成下拉输入
    GPIO_InitStructure.GPIO_Speed = GPIO_Speed_50MHz;
    GPIO_Init(GPIOC,&GPIO_InitStructure);           //初始化

}
int main(void)
{
    KEY_Init();
    LCD1602_Init();
    exit_config();                              //完成中断初始化
    while(1)
    {
        for(;i>=0;)
        {
            if(f==1)  i--;
            LCD_ShowNum(7,1,i/60);
            LCD_ShowChar(8,1,':');
            LCD_ShowNum(9,1,i%60/10);
            LCD_ShowNum(10,1,i%60%10);
            delay(1000);
            if(i==0)
            f=0;
        }
    }
}
```

项目总结

本项目以项目 6.1 为基础加以扩展，实现了倒计时器的模拟仿真功能。需要注意的是 Proteus 8.9 sp0 版本对 STM32 定时器的模拟仿真支持并不完美，在不同计算机、不同系统可能会出现仿真"假死"、跳入定时器中断不能返回主函数的情况，发现此类问题建议通过手中的硬件实验板进行调试。

小训练

修改项目 6.2 的电路和程序,实现当倒计时为 "0:00" 时,倒计时系统通过蜂鸣器进行报警。

项目 6.3 我能做:电子秒表的模拟仿真

项目分析

电子秒表是电子计时器的一种,通常采用电子数码管显示方式。本项目要求设计一个基于 STM32 通用定时器的电子秒表,配备两个按钮,功能分别是开始计时和停止计时。

知识链接

一、STM32 定时/计数模式

STM32 常规定时器主要包括基本定时器、通用定时器和高级定时器。不论哪一类定时器,都有一个共同的计数定时单元,称为时基单元。该单元主要由三部分组成:分频模块、计数模块和自动重装载模块。

分频模块用于对外来的计数时钟进行分频,通过分频计数器实现对时钟的分频功能。与之对应的分频器寄存器 TIMx_PSC,用来配置和存放分频比、分频系数。

计数模块用于对来自分频器输出的计数脉冲进行计数。相应的计数器寄存器 TIMx_CNT 可以把该计数器与别的计数器区别开来,称为核心计数器。

自动重装载模块用来配合计数器溢出,当计数器溢出时为其赋予初始计数值的功能单元。相应的有自动重装载寄存器 TIMx_ARR。当自动重装载寄存器 TIMx_ARR 修改生效后即可自动地作为计数器的计数边界或重装值。

当计数器溢出时,自动重装载器为计数器重装计数初始值,自动重装寄存器(ARR)为计数器设置计数边界或初始值,决定计数脉冲的多少或计时周期长短。如计数器向上计数时,计到多少发生溢出;向下计数时从多少开始往下计数。其具体含义及使用需要结合计数器的计数模式才能确定,如图 6.9 所示。

图 6.9 自动重装示意图

STM32定时器所支持的三种计数模式及计数过程见表6-1。

表 6-1 计数模式

计数模式	计数示意图	计数过程
向上计数模式	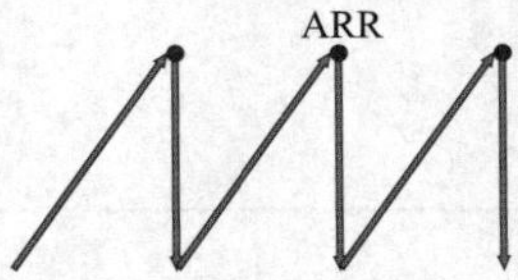 (锯齿波上升，峰值为ARR)	从零开始递增计数，直到ARR发生溢出。计数器重装为0，开始下一轮计数
向下计数模式	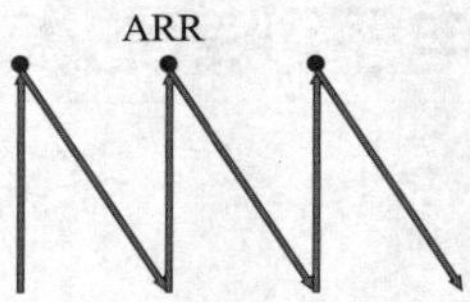 (锯齿波下降，峰值为ARR)	从ARR开始递减计数，直到为0发生溢出，计数器重装为ARR，开始下一轮计数
中心对齐计数模式	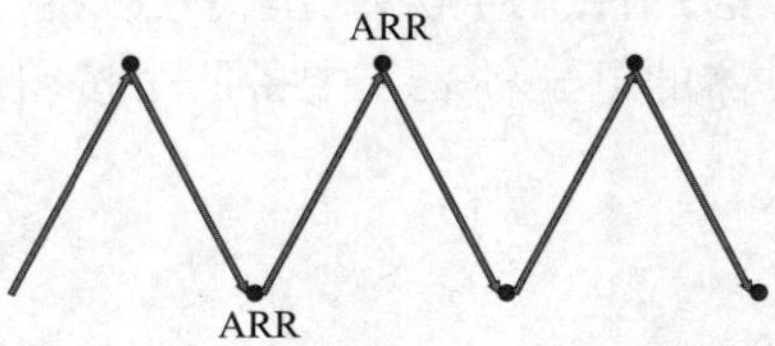 (三角波，峰值ARR，谷值ARR标注)	从0开始递增计数，记到ARR-1，发生溢出；计数器重装为ARR，然后开始向下计数直到1时发生溢出，然后计数器重装为0，开始下一轮计数

注意：每个计数模式的计数器起始值、重装值、溢出点。

从上面三种计数模式下的计数动作来看，不同模式下计数器的溢出点并不一样，溢出后重装值也不一样。显然，ARR寄存器中的数据扮演的角色也因不同的计数模式而有所不同。表6-2总结了三种计数模式下的溢出点与重装值，不难看出，重装值并不一定等于ARR，有时重装值为0。

表 6-2 溢出点和重装值

		溢出点	CNT 重装值
向上计数模式		CNT=ARR	CNT=0
向下计数模式		CNT=0	CNT=ARR
中心对齐	向上阶段	CNT=ARR-1	CNT=ARR
	向下阶段	CNT=1	CNT=0

STM32定时/计数模式要点总结如下：
（1）计数器负责对时钟脉冲进行计数以及溢出。
（2）自动重装载器负责当计数器发生溢出时对计数器重装。
（3）ARR寄存器中数据的含义会因计数模式的不同而有所不同。

二、STM32F103通用定时器工作原理

1. 通用定时器简介

通用定时器由一个可编程预分频器驱动的16位自动装载计数器构成。通用定时

器可以应用于多种场合,如测量输入信号的脉冲长度(输入捕获)或产生输出波形(输出比较和PWM)。使用通用定时器的预分频器和RCC时钟控制器的预分频器,可以在几个微秒到几个毫秒间调整脉冲长度和输出波形周期。

STM32内有多个通用定时器,每个通用定时器都是完全独立的,没有共享任何资源。通用定时器的主要功能包括:

(1)16位向上、向下、向上/向下自动装载计数器。

(2)16位可编程(可以实时修改)预分频器,计数器时钟频率的分频系数为1~65 536的任意数值。

(3)4个独立通道可以实现4路:输入捕获、输出比较、PWM输出、单脉冲模式输出。

(4)使用外部信号控制定时器和定时器互连的同步电路。

(5)支持针对定位的增量(正交)编码器和霍尔传感器电路。

STM32F103ZE有8个定时器,其中2个高级定时器(TIM1/8),4个通用定时器(TIM2/3/4/5),2个基本定时器(TIM6、TIM7)。这8个定时器的详细描述见表6-3。

表6-3 定时器概述

定时器种类	位数	计数器模式	产生DMA请求	捕获/比较通道	互补输出	特殊应用场景
高级定时器(TIM1、TIM8)	16	向上、向下、向上/下	可以	4	有	带死区控制盒紧急刹车,可应用于PWM电动机控制
通用定时器(TIM2~TIM5)	16	向上、向下、向上/下	可以	4	无	通用。定时计数,PWM输出,输入捕获,输出比较
基本定时器(TIM6、TIM7)	16	向上、向下、向上/下	可以	0	无	主要应用于驱动DAC

通过表6-3可看出STM32F103ZE定时器都是16位的,捕获/比较通道有4个,计数模式包括三种[向上计数、向下计数、中央对齐(向上/向下)计数]。通用定时器框图如图6.10所示。

2. 通用定时器的时基单元

通用定时器的时基单元主要由一个16位计数器和与其相关的自动装载寄存器组成。这个计数器可以向上计数、向下计数或向上向下双向计数。通用定时器的计数器的时钟由预分频器分频得到,至于预分频器之前的时钟在后文时钟选择部分会介绍到。

通用定时器的计数器、自动装载寄存器和预分频器寄存器可以由软件读写,在计数器运行时仍可以读写。通用定时器的时基部分如图6.11所示。

168 STM32 应用技术项目式教程

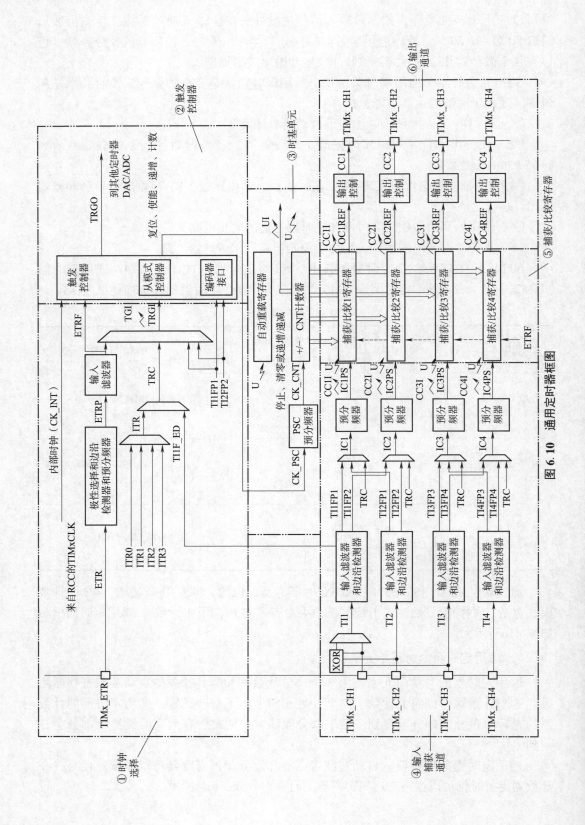

图 6.10 通用定时器框图

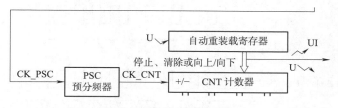

图 6.11 通用定时器时基

时基单元包含：CNT计数器（TIMx_CNT）；PSC预分频器（TIMx_PSC）；自动重装载寄存器（TIMx_ARR）。

TIMx_ARR寄存器是预先装载的，写或读TIMx_ARR寄存器将访问预装载寄存器。通用定时器根据TIMx_CR1寄存器中的ARPE位，决定写入TIMx_ARR寄存器的值是立即生效还是要等到更新事件（溢出）后才生效。在计数器运行过程中，ARPE位的作用如下：

当ARPE=0时，写入TIMx_ARR寄存器的值立即生效，即TIMx_CNT计数器的计数范围立即更新。其时序图如图6.12所示。

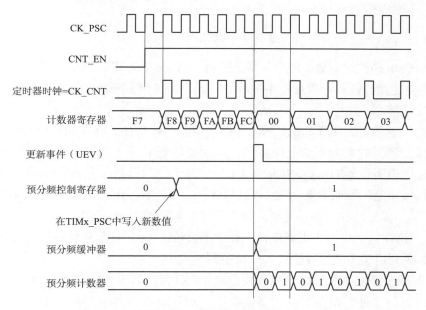

图 6.12　ARPE=0 时序图

当ARPE=1时，写入TIMx_ARR寄存器的值不会立即生效，TIMx_CNT计数器的计数范围不变，等到TIMx_CNT计数溢出时，写入TIMx_ARR寄存器的值才生效，即溢出之后TIMx_CNT计数器的计数范围才会更新。其时序图如图6.13所示。

从图6.13中可以看到，计数器TIMx_CNT由预分频器输出的CK_CNT时钟驱动，只有当设置了TIMx_CR1寄存器中的计数器使能位CEN时，CK_CNT才有效，而且真正的计数器使能信号是在CEN位被置位后的一个时钟周期。

在通用定时器框图中，PSC预分频器的时钟来源是CK_PSC，预分频器可以将CK_PSC的时钟频率在1~65 536的任意值分频，然后将分频后的时钟CK_CNT输出到CNT计数器，用来驱动CNT计数器计数。

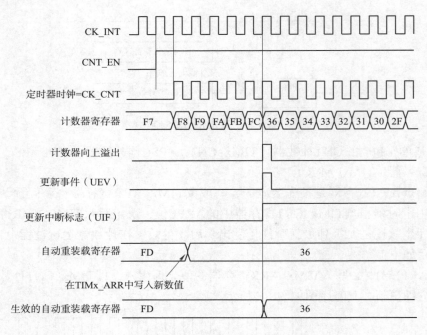

图 6.13　ARPE=1 时序图

预分频由16位的TIMx_PSC寄存器控制，TIMx_PSC寄存器自带缓冲器，TIMx_PSC寄存器能在计数器计数过程中被改变，但是新的预分频器参数只有到下一次溢出之后才被更新。

需要注意的是，由于TIMx_PSC寄存器带有缓冲功能，在初始化给TIMx_PSC赋值时，预分频器的系数不会立即生效，必须要等到溢出之后才会更新预分频器的系数。如IC上电时，给TIMx_PSC赋值4（即5分频），但是定时器刚开始运行时的预分频系数其实还是0（即1分频），只有当TIMx_CNT计数溢出一次之后，预分频系数才会更新为4（即5分频），如果需要立即更新预分频器的系数，可以将TIMx_EGR的0位UG置位，这样将产生一个更新事件，计数器会被清0，而且预分频系数会被更新，但是这时如果开启了中断，就会进入一次中断。

如果不想进入中断，则可以置位TIMx_CR1寄存器中的UDIS位，置位UDIS位，可以禁止更新事件，但是当计数器溢出时，预分频器系数还是会更新，计数器也会清0，只是不会置位UIF标志，即不会进入中断。

在计数器计数的过程中，改变预分频器的值的时序图如图6.14所示。

在图6.14中，当计数器计数到F8时，将TIMx_PSC寄存器的值从0改为3，即1分频改为4分频，当计数到F9时，预分频器使用的参数还是0，即还是1分频没有变，只有当计数器寄存器溢出清0之后，预分频器使用的参数才是3，即变为4分频。

在图6.14中，CK_PSC是预分频器的输入时钟，CEN是定时器的使能信号，计数器寄存器就是TIMx_CNT，更新事件（UEV）是溢出。预分频控制寄存器是TIMx_PSC，预分频缓冲器是看不见的。

通用定时器可以通过TIMx_CR1寄存器中的UDIS位禁止更新事件（即产生

溢出中断），但是UDIS只是禁止更新事件并不会停止定时器的计数器工作，计数器溢出时还是会更新到TIMx_ARR的数值。UDIS禁止更新事件后，如果更新预分频器的数值和TIMx_ARR寄存器的数值（ARPE=1），即使计数器溢出也不会更新预分频器和TIMx_ARR寄存器（ARPE=1）的数值，只有UDIS解除禁止更新事件后，产生更新事件时才会更新预分频器和TIMx_ARR寄存器（ARPE=1）的数值。

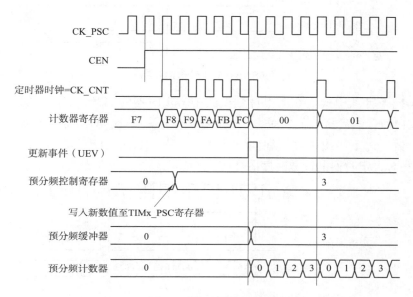

图6.14 修改分频时序图

当发生一个更新事件（溢出中断）时，所有寄存器都被更新，硬件同时置位TIMx_SR寄存器中的更新标志UIF位，同时预分频器缓冲区的值被TIMx_PSC寄存器的值更新，而且如果APRE=1，则自动装载影子寄存器被更改数值后的TIMx_ARR寄存器更新。

3. 通用定时器的计数器工作模式

通用定时器的计数器可以设定为三种工作方式，即向上计数模式、向下计数模式、中央对齐（向上/向下计数）模式。

（1）向上计数模式。在向上计数模式中，定时器的TIMx_CNT寄存器的值从0开始递增计数，当TIMx_CNT的值等于TIMx_ARR寄存器的值时会产生一个溢出信号，计数器清0，重新开始计数。每当计数器溢出时就是产生一个更新信号，TIMx_SR寄存器中的溢出标志位会置位，如果使能了溢出中断，就会进入中断。在向上计数模式中，TIMx_PSC=3（4分频）、TIMx_ARR=0x36时，定时器的计数时序图如图6.15所示。

从图6.15中可以看到，当计数器计数到TIMx_ARR寄存器的值0x36时，计数器溢出，同时产生更新事件（UEV），并且TIMx_SR寄存器的更新中断标志位UIF被置位。

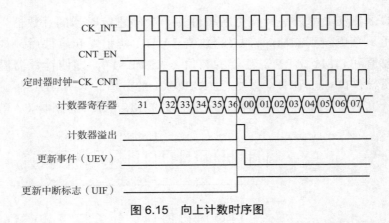

图 6.15　向上计数时序图

（2）向下计数模式。在向下计数模式中，定时器的TIMx_CNT从TIMx_ARR寄存器获取初值，然后从该值递减，当减到0时又会从TIMx_ARR寄存器获取初值并产生一个计数器向下溢出事件。在向下计数模式中，TIMx_PSC=2（3分频）、TIMx_ARR=0x36时，定时器的计数时序图如图6.16所示。

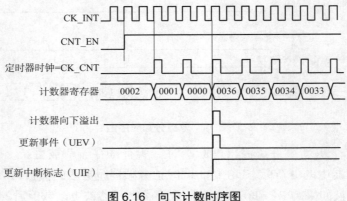

图 6.16　向下计数时序图

从图6.16中可以看到，当计数器计数到0时，计数器溢出，TIMx_ARR的值0x36重新给计数器寄存器赋值，同时产生更新事件（UEV），并且TIMx_SR寄存器的更新中断标志位UIF被置位。

（3）中央对齐模式。中央对齐模式又称向上/向下计数模式，在该模式中，计数器从0开始计数到TIMx_ARR寄存器值-1后产生一个计数器溢出事件，然后向下计数到1并产生一个计数器下溢事件，然后计数器再从0开始重新计数。

在中央对齐模式中，不能写入TIMx_CR1中的DIR方向位，DIR方向位由硬件更新并指示当前的计数器计数的方向。在中央对齐模式中，TIMx_PSC=0（1分频）、TIMx_ARR=0x06时，定时器的计数时序图如图6.17所示。

从图6.17中可以看到，当计数器从0开始向上计数到0x05时，计数器向上溢出，同时产生更新事件（UEV），并且TIMx_SR寄存器的更新中断标志位UIF被置位，然后计数器又会从0x06开始向下计数，当计数器的值向下计数到0x01时，计数器向上溢出，同时产生更新事件（UEV），并且TIMx_SR寄存器的更新中断标志位UIF被置位。即在一个周期内会引发两次溢出。

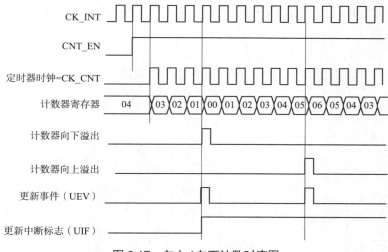

图 6.17　向上/向下计数时序图

4. 通用定时器的时钟选择

通用定时器的计数器可以选择不同的时钟来源驱动计数器计数，如图6.10中的①部分所示。计数器时钟的来源有以下四种。

1）内部时钟（CK_INT）

从通用定时器框图（见图6.10）中可以看到，内部时钟源（CK_INT）来自RCC的TIMx_CLK，即定时器本身的驱动时钟。

从图6.10的②部分可以看到内部时钟还可以选择从模式控制器与编码器。当配置TIMx_SMCR寄存器中的SMS=000时可禁止定时器工作于从模式，则预分频的时钟源CK_PSC由内部时钟源（CK_INT）驱动。定时器的实际控制位为CEN位、DIR位和UG位，并且只能被软件修改（UG位仍被自动清除）。只要CEN位被置1，预分频器的时钟CK_PSC就由内部时钟CK_INT提供。

通用定时器的内部时钟来源于APB1总线时钟，但是通用定时器的内部时钟是根据APB1总线时钟是否分频决定的，如果APB1总线时钟预分频系数为1，则通用定时器的内部时钟就是APB1总线时钟；但是如果APB1总线时钟的分频系数为2，则通用定时器的内部时钟是APB1总线时钟的2倍。

控制电路和向上计数器在一般模式下，不带预分频器时（分频系数为0）的内部时钟时序图如图6.18所示。

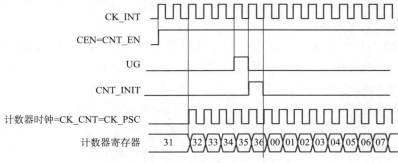

图 6.18　内部时钟时序图

只有当CEN位被置位高电平的时候，预分频器的时钟CK_PSC和计数器的时钟CK_CNT才开始工作。

2）外部时钟源模式1：外部输入脚（TIx）

图6.19所示是TI2FP2作为驱动定时器计数器计数的连接示意图。

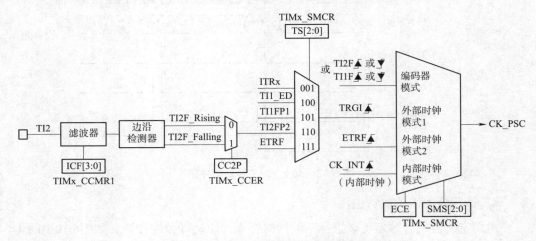

图6.19　TI2FP2作为驱动时的连续示意图

当选择外部时钟1驱动计数器时，预分频器的时钟来源于TRGI的上升沿。当TIMx_SMCR寄存器的SMS[2:0]位设为"111"时，则选择外部时钟模式1作为预分频器时钟CK_PSC的输入源，即选择TRGI的上升沿驱动计数器。

从图6.19中可以看到，TRGI具有多种输入源，通过TIMx_SMCR寄存器的TS[2:0]位选择，选择方式如下：

当TS[2:0]=000时，选择内部触发0（ITR0，对应TIM1）作为计数器的驱动时钟。
当TS[2:0]=001时，选择内部触发1（ITR1，对应TIM2）作为计数器的驱动时钟。
当TS[2:0]=010时，选择内部触发2（ITR2，对应TIM3）作为计数器的驱动时钟。
当TS[2:0]=011时，选择内部触发3（ITR3，对应TIM4）作为计数器的驱动时钟。
当TS[2:0]=100时，选择TI1的边沿检测器TI1F_ED作为计数器的驱动时钟。
当TS[2:0]=101时，选择滤波后的定时器输入TI1FP1作为计数器的驱动时钟。
当TS[2:0]=110时，选择滤波后的定时器输入TI2FP2作为计数器的驱动时钟。
当TS[2:0]=111时，选择外部触发输入ETRF作为计数器的驱动时钟。

需要注意的是，TS[2:0]位只能在未用到（如SMS=000）时被改变，以避免在改变时产生错误的边沿检测。

TRGI在不同模式下的作用也不同，可以通过TIMx_SMCR寄存器的SMS[2:0]位进行控制。SMS[2:0]位还控制着其他功能，但这里只针对TRGI进行如下说明：

当SMS[2:0]=100时，定时器的工作模式被选为复位模式，当被选中的TRGI输入上升沿时会重新初始化计数器，并且产生一个更新寄存器的信号。

当SMS[2:0]=101时，定时器的工作模式被选为门控模式，当TRGI输入高电平时，计数器的时钟开启（即计数器开始计数），当TRGI输入变为低电平时，计数器会停止工作,但是计数器不会复位,即在这个模式,计数器的开关受TRGI控制。

当SMS[2:0]=110时,定时器的工作模式被选为触发模式,当TRGI产生一个上升沿时,计数器会被触发并开启计数,但是计数器只是被触发启动,并不会复位,在该模式,TRGI产生上升沿开启计数器,但是不能关闭计数器。

当SMS[2:0]=111时,定时器的工作模式被选为外部时钟模式1,在该模式,计数器根据TRGI的上升沿计数。

如果要使计数器在TI2输入端的上升沿计数,即使用TI2FP2作为驱动计数器计数的时钟源,配置如下:

配置TIMx_CCMR1寄存器的CC2S=01,将通道2设为输入,并映射到TI2上。

配置TIMx_CCMR1寄存器的IC2F[3:0],选择输入滤波器的带宽,也可以设置成不需要滤波器。

配置TIMx_CCER寄存器的CC2P=0,使边沿检测器识别上升沿。

配置TIMx_SMCR寄存器的TS=110,选择TI2FP2作为TRGI的输入源。

配置TIMx_SMCR寄存器的SMS=111,选择外部时钟模式1作为定时器的时钟来源。

设置TIMx_CR寄存器的CEN=1,启动定时器的计数器开始工作。

配置完毕后,当通道2的脚位输入上升沿时,计数器会计数一次,并且TIMx_SR寄存器的TIF位会被置位。需要注意的是TIF需要软件清除,图6.20所示是外部时钟模式1的控制时序图。

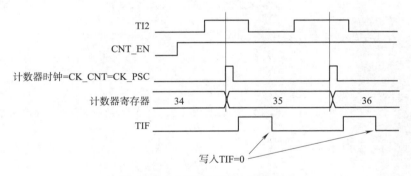

图 6.20 外部时钟模式 1 时序图

从图6.20中看到,每当TI2产生一次上升沿时,计数器就会计数一次,但是TI2产生上升沿到计数器计数之间存在一定延时,这个延时时间取决于TI2输入端的重新同步电路。

用STM32F103ZET6的代码说明外部时钟模式1,使用通用定时器TIM3的通道2驱动TIM3计数器计数,TIM3的通道2对应的脚位是PA7,用一个I/O接口与PA7相连,这里使用PF6口,实现当PF6产生一个上升沿的时候,TIM3的计数器就会计数一次。代码如下:

```
//外部时钟模式1代码
void TIM3_TEST(void)
```

```c
{
    RCC->APB2ENR|=1<<2;                 //开启GPIOA的时钟
    RCC->APB2ENR|=1<<7;                 //开启GPIOF的时钟

    RCC->APB1ENR|=1<<1;                 //开启TIM3的时钟

    GPIOA->CRL&=0x0FFFFFFF;
    GPIOA->CRL|=0x80000000;             //设置GPIOA7为输入
    GPIOA->ODR&=~(1<<7);                //开启GPIOA7的下拉

    TIM3->PSC=0;                        //设置TIM3的预分频器系数为1分频
    TIM3->ARR=10;                       //设置TIM3的自动重载值为10
    TIM3->CNT=0;                        //清除计数器的值

    TIM3->CR1&=~(0x03<<5);
                    //配置CMS=00,选择定时器的计数模式为边沿模式

    TIM3->CR1&=~(1<<4);
                    //配置DIR=0,选择定时器的计数方向为向上计数

    TIM3->CCMR1&=~(0x03<<8);
    TIM3->CCMR1|=(0x01<<8);
                    //配置CC2S=01,设置CC2通道为输入,IC2映射到TI2上

    TIM3->CCMR1&=~(0x0F<<12);
                    //配置IC2F=000,使通道2的滤波为无滤波

    TIM3->CCMR1&=~(0x03<<10);
                    //配置IC2PSC=00,使通道2的输入预分频系数为不分频

    TIM3->CCER&=~(1<<5);                //配置CC2P=0,选择捕获通道2的上升沿

    TIM3->SMCR&=~(0x07<<4);
    TIM3->SMCR|=(0x06<<4);
            //配置TS=110,选择滤波后的定时器输入TI2FP2作为外部时钟模式1的时钟

    TIM3->SMCR&=~(0x07<<0);
    TIM3->SMCR|=(0x07<<0);
            //配置SMS=111,选择外部时钟模式1作为定时器计数器的驱动

    TIM3->CR1|=(1<<0);                  //配置CEN=1,启动定时器工作
}
```

另外还需要配置GPIOF6口为输出,这里没有列出,可以通过一个按键控制GPIOF6的输出,当按键按下时,让GPIOF6输出一个高脉冲,因为GPIOF6与GPIOA7

相连,每当GPIOF6输出一个高电平,GPIOA7就会产生一个上升沿,这时TIM3_CNT的值就会加1,当TIM3_CNT递增超过TIM3_ARR的值时,就会产生溢出从而使TIM3_CNT重新初始化。

3)外部时钟源模式2:外部触发输入(ETR)

通用定时器除了具有4个通道的输入/输出脚之外,还有一个ETR引脚,这个ETR引脚是外部时钟源模式2的输入脚位,图6.21所示是外部时钟源模式2的示意图。

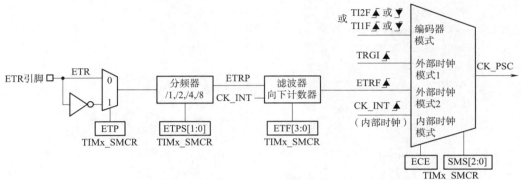

图 6.21　外部时钟 2

ETR脚位是外部时钟模式2的输入源。

TIMx_SMCR寄存器15位的ETP位决定ETR引脚是上升沿触发还是下降沿触发。

TIMx_SMCR寄存器12~13位的ETPS[1:0]位决定触发信号的分频系数。

TIMx_SMCR寄存器的8~11位的ETF[3:0]位决定对ETR信号采样的频率和数字滤波的带宽。

TIMx_SMCR寄存器的14位的ECE位使能外部时钟模式2,使得计数器由ERTF信号上的任意有效边沿驱动。

如要让计数器在ETR脚位每产生2个上升沿计数一次,可做如下配置:

配置TIMx_SMCR寄存器中的ETF[3:0]=000,选择不滤波。

配置TIMx_SMCR寄存器的ETPS[1:0]=01,选择2分频。

配置TIMx_SMCR寄存器的ETP=0,选择上升沿触发。

配置TIMx_SMCR寄存器的ECE=1,开启外部时钟模式2。

置位TIMx_CR1寄存器中的CEN位,启动计数器。

外部时钟模式2工作时序如图6.22所示。

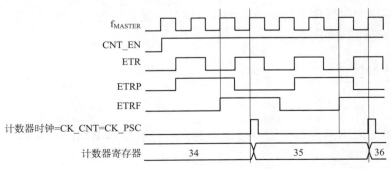

图 6.22　外部时钟模式 2时序图

从图6.22中可以看到，ETR产生两个上升沿的时候，计数器才计数一次。

配置TIM3的定时器的时钟源为外部时钟源模式2，让计数器在ETR脚位每产生一次上升沿就计数一次，TIM3定时器的ETR脚对应的I/O接口是GPIOD2，代码如下：

```
void TIM3_TEST(void)
{
    RCC->APB2ENR|=1<<5;         //开启GPIOD的时钟
    RCC->APB2ENR|=1<<7;         //开启GPIOF的时钟
    RCC->APB1ENR|=1<<1;         //开启TIM3的时钟
    GPIOD->CRL&=0xFFFF0FF;
    GPIOD->CRL|=0x00000800;     //设置GPIOD2为输入
    GPIOD->ODR&=~(1<<2);        //开启GPIOD2的下拉
    TIM3->PSC=0;                //设置TIM3的预分频器系数为1分频
    TIM3->ARR=10;               //设置TIM3的自动重载值为10
    TIM3->CNT=0;                //清除计数器的值
    TIM3->CR1&=~(0x03<<5);
                                //配置CMS=00，选择定时器的计数模式为边沿模式
    TIM3->CR1&=~(1<<4);
                                //配置DIR=0，选择定时器的计数方向为向上计数
    TIM3->SMCR&=~(0x0F<<8);
    TIM3->SMCR|=(0x00<<8);
                                //配置ETF=0000，选择外部触发滤波为无滤波器
    TIM3->SMCR&=~(0x03<<12);
    TIM3->SMCR|=(0x01<<12);
                                //配置ETPS=00，选择外部触发，预分频为关闭预分频器
    TIM3->SMCR&=~(1<<15);       //配置ETP=0，选择ETR不反相，上升沿触发
    TIM3->SMCR|=(1<<14);        //配置ECE=1，使能外部时钟源模式2
    TIM3->CR1|=(1<<0);          //配置CEN=1，启动定时器工作
}
```

可以让一个I/O接口与GPIOD2相连，然后每隔一段时间让该I/O接口输出一个高脉冲，查看TIM3_CNT的值是否有变化。

4）内部触发输入（ITRx）

使用一个定时器作为另一个定时器的预分频器，如可以配置一个定时器T1作为另一个定时器T2的预分频器。

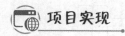

项目实现

一、原理图

电子秒表采用四位数码管串行显示的方式，通过四个74LS164驱动，如图6.23所示。

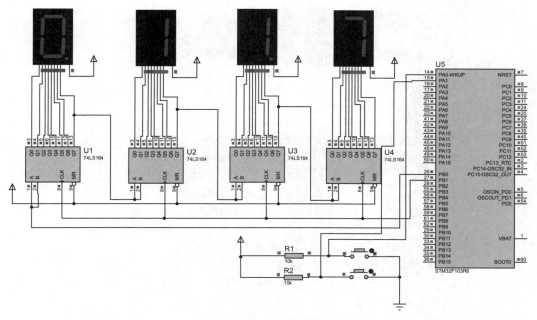

图 6.23 电子秒表模拟仿真

二、参考程序

定时器2初始化程序TIM2_Config()，配置定时器的工作模式，使能定时器中断。

```
void TIM2_Config(void)
{
    NVIC_InitTypeDef    NVIC_InitStructure;
    TIM_TimeBaseInitTypeDef  TIM_TimeBaseStructure;
    RCC_APB2PeriphClockCmd(RCC_APB2Periph_TIM1,ENABLE);
            //Proteus中的错误，用其他定时器，必须先使能TIM1
    RCC_APB1PeriphClockCmd(RCC_APB1Periph_TIM2,ENABLE);

    TIM_TimeBaseStructure.TIM_Period = 1000;
            //基准为0.1 ms, 所以设置为1 000, 0.1 ms×1 000为0.1 s
    TIM_TimeBaseStructure.TIM_Prescaler = 799;
            //Proteus中系统时钟为8 M, 所以这里设置为799, 时间间隔为1 s
    TIM_TimeBaseStructure.TIM_ClockDivision = 0;
    TIM_TimeBaseStructure.TIM_CounterMode = TIM_CounterMode_Up;
    TIM_TimeBaseInit(TIM2,&TIM_TimeBaseStructure);

    TIM_ITConfig(TIM2,TIM_IT_Update,ENABLE);        //定时器中断使能
    NVIC_InitStructure.NVIC_IRQChannel = TIM2_IRQn;
    NVIC_InitStructure.NVIC_IRQChannelPreemptionPriority = 0;
    NVIC_InitStructure.NVIC_IRQChannelSubPriority = 1;
    NVIC_InitStructure.NVIC_IRQChannelCmd = ENABLE;
    NVIC_Init(&NVIC_InitStructure);
```

```
        TIM_Cmd(TIM2,ENABLE);
}
```

两个按键的外部中断的初始化函数：

```
void exit_config(void)
{
    EXTI_InitTypeDefEXTI_InitStructure;
    NVIC_InitTypeDefNVIC_InitStructure;
    RCC_APB2PeriphClockCmd(RCC_APB2Periph_AFIO,ENABLE);

    GPIO_EXTILineConfig(GPIO_PortSourceGPIOA,GPIO_PinSource1);
    GPIO_EXTILineConfig(GPIO_PortSourceGPIOA,GPIO_PinSource0);

    EXTI_InitStructure.EXTI_Line=EXTI_Line0;
    EXTI_InitStructure.EXTI_Mode = EXTI_Mode_Interrupt;
    EXTI_InitStructure.EXTI_Trigger = EXTI_Trigger_Falling;
    EXTI_InitStructure.EXTI_LineCmd = ENABLE;
    EXTI_Init(&EXTI_InitStructure);
    EXTI_InitStructure.EXTI_Line=EXTI_Line1;
    EXTI_InitStructure.EXTI_Mode = EXTI_Mode_Interrupt;
    EXTI_InitStructure.EXTI_Trigger = EXTI_Trigger_Falling;
    EXTI_InitStructure.EXTI_LineCmd = ENABLE;
    EXTI_Init(&EXTI_InitStructure);
    NVIC_InitStructure.NVIC_IRQChannel = EXTI0_IRQn;
    NVIC_InitStructure.NVIC_IRQChannelPreemptionPriority = 0x2;
    NVIC_InitStructure.NVIC_IRQChannelSubPriority = 0x01;
    NVIC_InitStructure.NVIC_IRQChannelCmd = ENABLE;
    NVIC_Init(&NVIC_InitStructure);
    NVIC_InitStructure.NVIC_IRQChannel = EXTI1_IRQn;
    NVIC_InitStructure.NVIC_IRQChannelPreemptionPriority = 0x2;
    NVIC_InitStructure.NVIC_IRQChannelSubPriority = 0x02;
    NVIC_InitStructure.NVIC_IRQChannelCmd = ENABLE;
    NVIC_Init(&NVIC_InitStructure);
}
```

数码管显示数字带小数点play_2()函数，这里省略的play()函数在项目3.3中可以查到。

```
void play_2(unsigned char no)
{
    unsigned char j,data;      //变量j用于计数，data暂存要输出的字形码
    data=led_table[no]&0x7f;
    for(j=0;j<8;j++)           //共8次，传送8位，先传高位
    {
        clk1;                  //74HC164时钟低电平
```

```
            if(data&0x80)              //判断高位是0还是1
                dath;                  //若1则164数据置高
            else
                datl;                  //否则164数据置低
            clkh;                      //164，低电平，产生下降沿
            //Delay(200);
            data<<=1;                  //调整需要显示的位
    }
}
```

数码管显示四位数，使用show()函数：

```
void show()
{
    uint8_t a,b,c,d;
    a=i%10;                            //取得i的个位
    b=i%600%100/10;                    //秒数个位
    c=i%600/100;                       //秒数十位
    d=i/600%10;                        //分钟个位
    play(a);                           //正常显示数值a
    play_2(b);                         //显示带小数点的数
    play(c);
    play_2(d);
    Delay(5);
}
```

外部中断和定时器2的中断处理子函数：

```
void EXTI0_IRQHandler(void)
{
    TIM_Cmd(TIM2,ENABLE);
}
void EXTI1_IRQHandler(void)
{
    TIM_Cmd(TIM2,DISABLE);
}
void TIM2_IRQHandler(void)
{
    if((TIM2->SR&0x0001)==0x0001)
    {
        TIM2->SR&=0x0000;
        i++;
    }
}
```

主函数：

```
int main(void)
```

```
{
    GPIO_InitTypeDef GPIO_InitStructure;
    RCC_APB2PeriphClockCmd(RCC_APB2Periph_GPIOB,ENABLE);
    GPIO_InitStructure.GPIO_Pin = GPIO_Pin_0|GPIO_Pin_1;
    GPIO_InitStructure.GPIO_Mode = GPIO_Mode_Out_OD;
    GPIO_InitStructure.GPIO_Speed = GPIO_Speed_50MHz;
    GPIO_Init(GPIOB,&GPIO_InitStructure);
    RCC_APB2PeriphClockCmd(RCC_APB2Periph_GPIOA,ENABLE);
    GPIO_InitStructure.GPIO_Pin = GPIO_Pin_0|GPIO_Pin_1;
    GPIO_InitStructure.GPIO_Mode = GPIO_Mode_IPD;
    GPIO_InitStructure.GPIO_Speed = GPIO_Speed_50MHz;
    GPIO_Init(GPIOA,&GPIO_InitStructure);
    NVIC_PriorityGroupConfig(NVIC_PriorityGroup_1);
    exit_config();
    TIM2_Config();
    while(1)
    {
        show();
        Delay(50);
    }
}
```

项目总结

本项目通过配置定时器 2 的向上计数模式，实现了定时器计时单位为 0.1 s 的时间间隔配置，同时实现定时时间和仿真软件虚拟时间的同步，完成秒表的虚拟仿真设计。

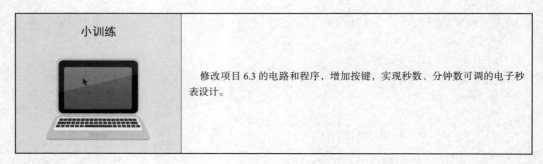

小训练

修改项目 6.3 的电路和程序，增加按键，实现秒数、分钟数可调的电子秒表设计。

项目 6.4　我能做：PWM 波形发生器的模拟仿真

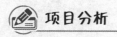

项目分析

配置STM32输出PWM方波，通过示波器显示波形，并且能够修改程序改变PWM方波的占空比。

知识链接

一、配置 STM32 的输入捕获模式

通用定时器的输入捕获模式可以测量脉冲宽度或者测量频率。STM32 的每个通用定时器都有四个输入捕获的通道,分别是 TIMx_CH1、IMx_CH2、TIMx_CH3、TIMx_CH4。

STM32 通过检测通道上的边沿信号,在边沿信号发生变化时(上升沿或下降沿变化),将当前定时器计数器的值(寄存器 TIMx_CNT 的值)存放到对应通道的捕获/比较寄存器 TIMx_CCRx 中,通过记录两次边沿信号的时间计算脉冲宽度或频率。

1. STM32F103ZET6 输入捕获模式原理

图 6.7 中 TIMx_CH1、TIMx_CH2、TIMx_CH3、TIMx_CH4 分别对应通用定时器的四个输入捕获通道。从通用定时器框图可以看到每路输入捕获通道的结构都是相似的。以 CH1 为例,通用定时器通过 TIMx_CH1 脚位产生信号 TI1,TI1 经过滤波器后,将信号传输给边沿检测器,边沿检测器检测到准确的边沿信号后,产生 TI1FP1 和 TI1FP2 信号(这两个信号其实是一样的,只是输出的路径不一样),TI1FP1 信号提供给 IC1,IC1 经过预分频器之后,产生捕获信号,这时定时器计数器的当前值被锁存到捕获/比较寄存器中,而且 TIMx_SR 状态寄存器的 CC1IF 标志位被置 1,如果使能通道 1 输入捕获的中断功能,就会产生中断。TI1 的输入可以选择 TIMx_CH1、TIMx_CH2、TIMx_CH3 这三个通道的异或,用作输入捕获功能时 T1 默认选择 TIMx_CH1 输入即可。

2. STM32F103ZET6 输入捕获模式配置方法

(1)输入滤波器的配置。输入捕获通道通过设置 TIMx_CCMRx 捕获/比较模式寄存器的 ICxF[3:0] 位配置滤波器。

这里需要注意的是,输入捕获有四个通道,而捕获/比较模式寄存器只有两个,分别是 TIMx_CCMR1 和 TIMx_CCMR2,通道 1 由 TIMx_CCMR1 的低 8 位配置;通道 2 由 TIMx_CCMR1 的高 8 位配置;通道 3 由 TIMx_CCMR2 的低 8 位配置;通道 4 由 TIMx_CCMR2 的高 8 位配置。

另外捕获/比较模式寄存器在不同状态下时,配置的功能不一样,如果通道被配置成输出,那么捕获/比较模式寄存器用来配置输出功能;如果通道被配置成输入,则用来配置输入功能。捕获/比较模式寄存器 TIMx_CCMRx 的 CCxS[1:0] 位决定配置通道是输出或输入。当 CCxS[1:0]=00 时,通道被配置为输出;当 CCxS[1:0]!=0 时,通道被配置为输入。

滤波器可以滤除脉宽低于一定时间的脉冲信号,从而达到滤波的效果,当然也可以选择不滤波。

(2)边沿检测器的配置。边沿检测器可以检测信号是上升沿还是下降沿,只有与设定的边沿匹配的信号才能触发输入捕获功能。边沿检测器可以设定为上升沿触发或是下降沿触发,这是通过捕获/比较使能寄存器 TIMx_CCER 的 CCxP 位选择的。

同样 CCxP 的位在通道位输入或输出具有不同的配置功能。当通道设为输入时,CCxP 用于设置边沿检测器。当 CCxP=0 时,输入捕获在上升沿触发;当 CCxP=1 时,输入捕获在下降沿触发。

（3）TIxFPx信号产生和输出。从通用定时器框图（见图6.10）中可以看到，信号在经过输入滤波器和边沿检测器之后，每个通道都会产生两个信号。

通道1：TI1FP1和TI1FP2。
通道2：TI2FP1和TI2FP2。
通道3：TI3FP1和TI3FP2。
通道4：TI4FP1和TI4FP2。

其实TIxFP1和TIxFP2的信号是同一个，但是它们输出的方向不一样，所以用不同的名称区分，从图中可以看出：

TI1FP1作为输入源提供给IC1，而TI1FP2作为输入源提供给IC2。
TI2FP1作为输入源提供给IC2，而TI2FP2作为输入源提供给IC1。
TI3FP1作为输入源提供给IC3，而TI3FP2作为输入源提供给IC4。
TI4FP1作为输入源提供给IC4，而TI4FP2作为输入源提供给IC3。

即TIMx_CH1和TIMx_CH2的输入信号可以交互到IC1和IC2；TIMx_CH3和TIMx_CH4的输入信号也可以交互到IC3和IC4。

具体ICx输入源的选择是通过捕获/比较寄存器TIMx_CCMRx的CCxS[1:0]位决定的，例如，IC1输入源的选择方式如下：

当CC1S[1:0]=00时，通道1被配置为输出。
当CC1S[1:0]=01时，通道1被配置为输入，IC1的输入源选择TI1FP1。
当CC1S[1:0]=10时，通道1被配置为输入，IC1的输入源选择TI2FP2。
当CC1S[1:0]=11时，通道1被配置为输入，IC1的输入源选择TRC。

其他通道的配置可以查看参考手册。

（4）预分频器的配置。输入捕获的预分频器通过TIMx_CCMRx的ICxPSC[1:0]位配置。

当ICxPSC[1:0]=00时，无预分频，捕获输入口上检测到的每一个边沿都触发一次捕获。

当ICxPSC[1:0]=01时，捕获输入口上检测到2个边沿才触发一次捕获。
当ICxPSC[1:0]=10时，捕获输入口上检测到4个边沿才触发一次捕获。
当ICxPSC[1:0]=11时，捕获输入口上检测到8个边沿才触发一次捕获。

（5）捕获输入中断的配置。当输入捕获成功后，计数器的值（TIMx_CNT）被传送到TIMx_CCRx寄存器，并且状态寄存器TIMx_SR的相应通道位CCxIF标志被置位，如果相应的中断使能控制位被置位，则会产生中断。

当CCxIF标志位被置位时，如果不清楚CCxIF标志位，则再次捕获成功之后，会将状态寄存器TIMx_SR的相应通道位CCxOF置位，指示通道重复捕获。

3. 通用定时器输入捕获的配置流程

（1）打开定时器和通道I/O接口的时钟。将通道I/O接口配置为复用输入，具体配置为上拉输入或下拉输入还是悬空，根据具体需求设定。

（2）设置定时器的计数频率，当产生捕获时，用于计时，需要注意定时器溢出的问题，当定时器溢出后，会清除定时器计数器的值（向上计数）或重新赋予初值

(向下计数),在计算捕获时间时,如果有溢出,需要加上溢出的时间。

(3)通过捕获/比较模式寄存器TIMx_CCMRx配置通道为输入模式,配置映射关系(即选择ICx的输入源)、滤波器和输入捕获的预分频器。

(4)通过捕获/比较使能寄存器TIMx_CCER选择输入捕获的边沿信号为上升沿触发或下降沿触发。在使用输入捕获功能前必须先使能,输入捕获的使能通过置位捕获/比较使能寄存器TIMx_CCER的相应位实现。

(5)通过DMA/中断使能寄存器TIMx_DIER使能相应的中断。

(6)通过控制寄存器TIMX_CR1使能定时器,让定时器开始计数。

4. 固件库操作通用定时器的输入捕获功能举例

使用TIM5的通道1(PA0端口)作为输入捕获,捕获PA0端口上高电平的脉宽(用WK_UP按键输入高电平),初始化代码如下:

```
//定时器5通道1输入捕获配置
IM_ICInitTypeDef TIM5_ICInitStructure;
void TIM5_Cap_Init(u16 arr,u16 psc)
{
    GPIO_InitTypeDef GPIO_InitStructure;
    TIM_TimeBaseInitTypeDef TIM_TimeBaseStructure;
    NVIC_InitTypeDef NVIC_InitStructure;
    RCC_APB1PeriphClockCmd(RCC_APB1Periph_TIM5,ENABLE);
        //使能TIM5时钟
    RCC_APB2PeriphClockCmd(RCC_APB2Periph_GPIOA,ENABLE);
        //使能GPIOA时钟
    GPIO_InitStructure.GPIO_Pin = GPIO_Pin_0;
        //PA0清除之前设置
    GPIO_InitStructure.GPIO_Mode = GPIO_Mode_IPD;
        //PA0端口输入
    GPIO_Init(GPIOA,&GPIO_InitStructure);
    GPIO_ResetBits(GPIOA,GPIO_Pin_0);
        //PA0端口下拉
        //初始化定时器TIM5
    TIM_TimeBaseStructure.TIM_Period = arr;
        //设定计数器自动重装值
    TIM_TimeBaseStructure.TIM_Prescaler =psc;            //预分频器
    TIM_TimeBaseStructure.TIM_ClockDivision = TIM_CKD_DIV1;
        //设置时钟分割:TDTS = Tck_tim
    TIM_TimeBaseStructure.TIM_CounterMode = TIM_CounterMode_Up;
        //TIM向上计数模式
    TIM_TimeBaseInit(TIM5,&TIM_TimeBaseStructure);
        //根据TIM_TimeBaseInitStruct中指定的参数初始化TIMx的时间基数单位
        //初始化TIM5输入捕获参数
    TIM5_ICInitStructure.TIM_Channel = TIM_Channel_1;
            //CC1S=01,选择输入端IC1映射到TI1上
```

```
            TIM5_ICInitStructure.TIM_ICPolarity = TIM_ICPolarity_Rising;
                            //上升沿捕获
            TIM5_ICInitStructure.TIM_ICSelection = TIM_ICSelection_DirectTI;
                            //映射到TI1上
            TIM5_ICInitStructure.TIM_ICPrescaler = TIM_ICPSC_DIV1;
                            //配置输入分频,不分频
            TIM5_ICInitStructure.TIM_ICFilter = 0x00;
                            //IC1F=0000 配置输入滤波器,不滤波
            TIM_ICInit(TIM5,&TIM5_ICInitStructure);
        }
```

二、配置 STM32 的 PWM 输出模式

1. 通用定时器的 PWM 功能概述

PWM调制是一种通过控制输入信号宽度，实现有效信号电压持续时间的控制方法，又称脉冲宽度调制（pulse width modulation）。简单地说就是可以通过快速打开或关闭进入电子设备的电源产生可变电压，平均电压取决于输入信号的占空比，即信号电压在一段时间内的打开时间与关闭时间之比。图6.24所示是一个占空比为50%的PWM方波。

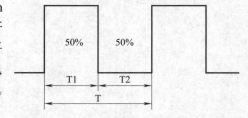

图 6.24　占空比 50% 的 PWM 方波

直流电动机的转速计算公式为：$n=(U-IR)/K\phi$，其中U为电枢端电压，I为电枢电流，R为电枢电路总电阻，ϕ为每极磁通量，K为电动机结构参数。可以看出，转速与U、I有关，并且可控量只有这两个，可以通过调节这两个量改变转速。I可以通过改变电压进行改变，PWM控制是用来调节电压波形的常用方法，即使用PWM控制进行电动机转速调节的。通过定时器的PWM功能输出一定频率的方波，方波的占空比大小决定平均电压的大小，也决定电动机的转速大小。

STM32F103ZET6有四个通用定时器，分别是TIM2、TIM3、TIM4、TIM5。通用定时器由一个可编程预分频器驱动的16位自动装载计数器构成。通用定时器的很多功能与基本定时器是一样的，但是每个通用定时器都有4个I/O接口，可以测量输入信号的脉冲长度（输入捕获）或产生输出波形（输出比较和PWM）。通用定时器可以用来输出PWM信号，每个通用定时器可以输出四路PWM信号。

2. 通用定时器的输入/输出通道

每个通用定时器都具有四个输入/输出通道，即四个I/O接口，它们的对应关系见表6-4。

表 6-4　通用定时器的输入/输出通道

	通用定时器			
	TIM2	TIM5	TIM3	TIM4
CH1	PA0/PA15	PA0	PA6/PC6/PB4	PB6/PD12

续表

	通用定时器			
	TIM2	TIM5	TIM3	TIM4
CH2	PA1/PB3	PA1	PA7/PC7/PB5	PB7/PD13
CH3	PA2/PB10	PA2	PB0/PC8	PB8/PD14
CH4	PA3/PB11	PA3	PB1/PC9	PB9/PD15

3. 通用定时器PWM输出的工作原理

通用定时器PWM输出的频率由TIMx_ARR自动重装载寄存器和TIMx_PSC预分频器寄存器确定，占空比由TIMx_CCRx捕获/比较寄存器决定。

（1）通用定时器PWM的工作模式。PWM模式1和PWM模式2，模式的选择通过TIMx_CCMRx捕获/比较模式寄存器OCxM[2:0]（x范围为1~4，表示四个通道）三个位的设置决定。

这里需要特别注意的是每个定时器的PWM输出通道有四个，但是捕获/比较模式寄存器只有两个：TIMx_CCMR1和TIMx_CCMR2，TIMx_CCMR1寄存器的低16位为有效位，其中的低8位用来配置通道1，高8位用来配置通道2；TIMx_CCMR2寄存器也是低16位为有效位，其中的低8位用来配置通道3，高8位用来配置通道4。即每8个位配置一个通道，这8个位的配置参数是相同的，不同的只是配置的通道。

① PWM模式1：当OCxM[2:0]=110时，PWM处于模式1下。当定时器的计数器值小于捕获/比较寄存器的值时（TIMx_CNT<TIMx_CCRx），输出通道输出有效电平；当定时器计数器的值大于或等于捕获/比较寄存器的值时（TIMx_CNT>=TIMx_CCRx），输出通道输出无效电平；

② PWM模式2：当OCxM[2:0]=111时，PWM处于模式2下。当定时器计数器的值小于捕获/比较寄存器的值时（TIMx_CNT<TIMx_CCRx），输出通道输出无效电平；当定时器计数器的值大于或等于捕获/比较寄存器的值时（TIMx_CNT>=TIMx_CCRx），输出通道输出有效电平。

通过对比可以看出，PWM模式1和PWM模式2的输出电平刚好是相反的。

③ 有效电平和无效电平：在PWM模式1和PWM模式2的介绍中可以看到PWM输出通道输出分为有效电平和无效电平两种状态。有效和无效电平的状态由TIMx_CCER捕获/比较使能寄存器的1位CCxP决定。

当CCxP=0时，输出通道的有效电平为高电平，无效电平为低电平。

当CCxP=1时，输出通道的有效电平为低电平，无效电平为高电平。

当CCxP=0时，如果PWM处于模式1的状态下，当TIMx_CNT<TIMx_CCRx时，输出通道输出高电平，当TIMx_CNT≥TIMx_CCRx时，输出通道输出低电平；如果PWM处于模式2的状态下，当TIMx_CNT<TIMx_CCRx时，输出通道输出低电平，当TIMx_CNT≥TIMx_CCRx时，输出通道输出高电平。模式1和模式2刚好相反。

当CCxP=1时，如果PWM处于模式1状态下，当TIMx_CNT<TIMx_CCRx时，输出通道输出低电平，当TIMx_CNT≥TIMx_CCRx时，输出通道输出高电平；如果PWM处于模式2状态下，当TIMx_CNT<TIMx_CCRx时，输出通道输出高电平，当

TIMx_CNT≥TIMx_CCRx时，输出通道输出低电平。模式1和模式2刚好相反。

在PWM模式1或2下，TIMxCNT寄存器和TIMx_CCRx寄存器始终在进行比较（根据计数器的计数方向），以确定是否符合TIMx_CCRx<=TIMx_CNT或TIMx_CNT≤TIMx_CCRx。

当使能定时器后，计数器开始计数，可以将定时器设置为向上计数、向下计数、向上/向上计数。在STM32参考手册中，用边沿对齐模式指示计数器向上计数、计数器向下计数这两种模式，具体是向上还是向下，需要根据TIMx_CR1寄存器的DIR位设置，当DIR=0时是向上计数模式；当DIR=1时是向下计数模式。用中央对齐模式指示计数器向上和向下同时计数的模式。

通过TIMx_CR1控制寄存器的5~6位CMS[1:0]选择是边沿对齐模式还是中央对齐模式。

（2）PWM边沿对齐模式。当TIMx_CR1寄存器的4位DIR为0时，定时器向上计数。

当PWM选择为模式1，有效电平为高电平，OCXREF指示输出的电平状态如图6.25所示。TIMx_ARR的值为8，即计数器TIMx_CNT递增到8后清0重新计数。当CCRx=4时，若TIMx_CNT<4，则OCXREF输出的是高电平；若TIMx_CNT≥4，则OCXREF输出的是低电平。

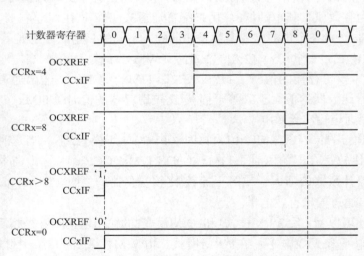

图6.25 PWM方波向上计数模式电平状态

当CCRx=8时，若TIMx_CNT<8，则OCXREF输出高电平；若TIMx_CNT≥8，则OCXREF输出低电平。

当CCRx>8时，则TIMx_CNT一直小于CCRx，OCXREF一直保持高电平。

当CCRx=0时，则TIMx_CNT一直不小于CCRx，OCXREF一直保持低电平。

从图6.25中可以看到，CCxIF中断状态位的变化，CCRx与TIMx_CNT每比较成功一次就会置位CCxIF，当CCRx>TIMx_CNT或CCRx=0即定时器计数器溢出时，CCxIF会被置位。

当TIMx_CR1寄存器的4位DIR为1时，定时器向下计数。与向上计数模式只有计数方向不一样。

（3）PWM中央对齐模式。当TIMx_CR1寄存器中的CMS位不为"00"时，定时器的计数方式为中央对齐模式。根据不同的CMS位设置，比较标志可以在计数器向上计数时被置1、在计数器向下计数时被置1或在计数器向上和向下计数时被置1。

当定时器工作在中央对齐模式时，TIMx_CR1寄存器中的计数方向位DIR由硬件更新，DIR变为只读位，不能软件修改。定时器工作在中央对齐模式时的PWM图形如图6.26所示。

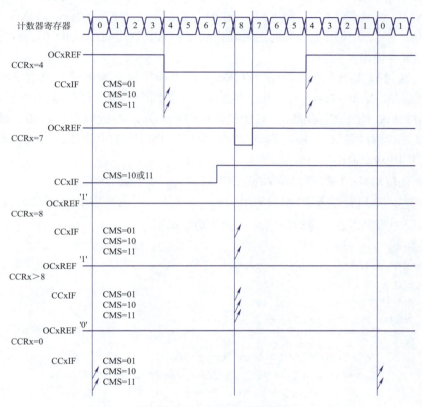

图 6.26 PWM 中央对齐模式

进入中央对齐模式时，软件不能同时修改TIMx_CR1寄存器中的DIR位和CMS位。使用中央对齐模式最保险的方法，就是在启动计数器之前产生一个软件更新（设置TIMx_EGR寄存器中的UG位），不要在计数器工作的过程中修改计数器的值。

4. 通用定时器 PWM 的配置流程

（1）开启需要使用的通用定时器的时钟，配置相应输出通道的引脚位为复用输出，如果引脚位需要重映射，还需要根据具体需求进行重映射配置。

（2）通过TIMx_CR1寄存器的5~6位CMS[1:0]选择定时器的计数模式，如果设置的是边沿对齐模式，还需要设置TIMx_CR1寄存器的4位DIR选择计数器是向上计数还是向下计数；若选择的是中央对齐模式，则不需要设置DIR位。

（3）通过设置TIMx_ARR寄存器和TIMx_PSC寄存器决定PWM输出的频率，如果TIMx_ARR寄存器需要使用缓冲功能，还需要将TIMx_CR1的7位ARPE位置1。

（4）通过设置TIMx_CCRx捕获/比较寄存器决定PWM输出的占空比。

（5）通过捕获/比较模式寄存器TIMx_CCMRx配置相应的通道为输出和PWM模式。这里需要注意的是每个定时器的捕获/比较模式寄存器只有两个，而通道有四个，这是由于TIMx_CCMR1配置的是CH1和CH2；而TIMx_CCMR2配置的是CH3和CH4。TIMx_CCMR1寄存器的低8位配置的是CH1，高8位配置的是CH2；而TIMx_CCMR2寄存器的低8位配置的是CH3，高8位配置的是CH4。每8位配置一个通道，每个通道配置的位都是相同的。通过TIMx_CCMRx寄存器的OCxM[2:0]位选择PWM的工作模式，OCxM[2:0]只有"110"和"111"这两个数值配置为PWM模式。TIMx_CCMRx寄存器的CCxS[1:0]位用来配置通道是输出还是输入，这里将CCxS[1:0]设置为"00"，将通道配置为输出。

（6）通过捕获/比较使能寄存器TIMx_CCER配置输出通道的有效电平和使能相应的通道输出PWM。TIMx_CCER寄存器可以配置四个通道，每个通道占位的位置不同。使用TIMx_CCER寄存器的CCxP位选择输出通道的有效电平的状态。通过置位TIMx_CCER寄存器的CCxE位开启PWM信号输出到对应的引脚位，也可以通过清零CCxE位禁止PWM输出。

（7）置位TIMx_CR1寄存器的0位CEN启动定时器开始计数。

（8）因为这里是配置PWM的输出功能，没有用到中断，所以不需要配置中断。

5. 固件库操作通用定时器的输入捕获功能举例

```
//TIM3PWM部分初始化
//PWM输出初始化
//arr:自动重装值
//psc:时钟预分频数
void TIM3_PWM_Init(u16arr,u16psc)
{
    GPIO_InitTypeDefGPIO_InitStructure;
    TIM_TimeBaseInitTypeDefTIM_TimeBaseStructure;
    TIM_OCInitTypeDefTIM_OCInitStructure;
    RCC_APB1PeriphClockCmd(RCC_APB1Periph_TIM3,ENABLE);
                                            //使能定时器3时钟
    RCC_APB2PeriphClockCmd(RCC_APB2Periph_GPIOB|
    RCC_APB2Periph_AFIO,ENABLE);    //使能GPIO和AFIO复用功能时钟
    GPIO_PinRemapConfig(GPIO_PartialRemap_TIM3,ENABLE);
                                            //重映射TIM3_CH2->PB5
    //设置该引脚为复用输出功能,输出TIM3CH2的PWM脉冲波形GPIOB.5
    GPIO_InitStructure.GPIO_Pin=GPIO_Pin_5;          //TIM_CH2
    GPIO_InitStructure.GPIO_Mode=GPIO_Mode_AF_PP; //复用推挽输出
    GPIO_InitStructure.GPIO_Speed=GPIO_Speed_50MHz;
    GPIO_Init(GPIOB,&GPIO_InitStructure);  //初始化GPIO
    //初始化TIM3
    TIM_TimeBaseStructure.TIM_Period=arr;
                                            //设置在自动重装载周期值
    TIM_TimeBaseStructure.TIM_Prescaler=psc;          //设置预分频值
```

```
    TIM_TimeBaseStructure.TIM_ClockDivision=0;
                                    //设置时钟分割:TDTS=Tck_tim
    TIM_TimeBaseStructure.TIM_CounterMode=TIM_CounterMode_Up;
                                    //TIM向上计数模式
    TIM_TimeBaseInit(TIM3,&TIM_TimeBaseStructure);//初始化TIMx
                                    //初始化TIM3Channel2PWM模式
    TIM_OCInitStructure.TIM_OCMode=TIM_OCMode_PWM2;
                                    //选择PWM模式2
    TIM_OCInitStructure.TIM_OutputState=TIM_OutputState_Enable;
                                    //比较输出使能
    TIM_OCInitStructure.TIM_OCPolarity=TIM_OCPolarity_High;
                                    //输出极性高
    TIM_OC2Init(TIM3,&TIM_OCInitStructure);//初始化外设TIM3OC2
    TIM_OC2PreloadConfig(TIM3,TIM_OCPreload_Enable);
                                    //使能预装载寄存器
    TIM_Cmd(TIM3,ENABLE);           //使能TIM3
}
```

项目实现

一、原理图

配置PB0端口输出PWM方波，单击Proteus左侧快捷按钮，弹出INSTRUMENTS界面，选择OSCILLOSCOPE选项，添加一个四通道的示波器，选择通道A跳线到PB0端口，如图6.27所示。

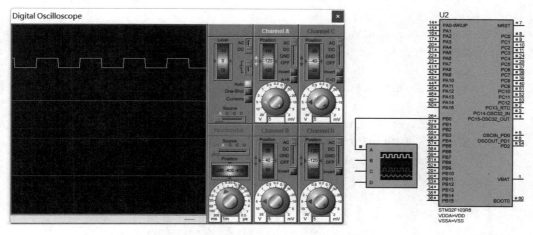

图 6.27　PWM 波形发生器仿真电路原理图

二、参考程序

```
#include "stm32f10x.h"

void TIM3_PWM_Init()
```

```c
{
    GPIO_InitTypeDefGPIO_InitStructure;
    TIM_TimeBaseInitTypeDef   TIM_TimeBaseStructure;
    TIM_OCInitTypeDef    TIM_OCInitStructure;

    RCC_APB1PeriphClockCmd(RCC_APB1Periph_TIM3,ENABLE);
                                //使能TIM时钟
    RCC_APB2PeriphClockCmd(RCC_APB2Periph_GPIOB ,ENABLE);
                                //使能GPIO外设时钟

    //设置该引脚为复用输出功能,输出TIM3_CH3的PWM脉冲波形
    GPIO_InitStructure.GPIO_Pin = GPIO_Pin_0;
                                //TIM3_CH3
    GPIO_InitStructure.GPIO_Mode = GPIO_Mode_AF_PP;
                                //复用推挽输出
    GPIO_InitStructure.GPIO_Speed = GPIO_Speed_50 MHz;
    GPIO_Init(GPIOB,&GPIO_InitStructure);
    TIM_TimeBaseStructure.TIM_Period = 100;
   //输出PWM波形的频率=定时器的输入频率/TIM_TImeBaseStructure.TIM_Period,
   200 000 Hz/100=2 000 Hz,即0.5 ms一个周期
    TIM_TimeBaseStructure.TIM_Prescaler =360-1;
//不分频,输入频率=APB1时钟/(预分频系数+1)=72 000 000 Hz/360=200 000 Hz=200 kHz
    TIM_TimeBaseStructure.TIM_ClockDivision = 0;
                                //设置时钟分割:TDTS = Tck_tim
    TIM_TimeBaseStructure.TIM_CounterMode = TIM_CounterMode_Up;
                                //TIM向上计数模式
    TIM_TimeBaseInit(TIM3,&TIM_TimeBaseStructure);
    TIM_OCInitStructure.TIM_OCMode = TIM_OCMode_PWM2;
                                //选择定时器模式:TIM脉冲宽度调制模式2
    TIM_OCInitStructure.TIM_OutputState = TIM_OutputState_Enable;
                                //比较输出使能
    TIM_OCInitStructure.TIM_Pulse = 50;
//占空比=配置占空比的值/TIM_TImeBaseStructure.TIM_Period,50/100=50%
    TIM_OCInitStructure.TIM_OCPolarity = TIM_OCPolarity_High;
                                //输出极性:TIM输出比较极性高
    TIM_OC3Init(TIM3,&TIM_OCInitStructure);
    TIM_OC3PreloadConfig(TIM3,TIM_OCPreload_Enable);
                                //CH3预装载使能
    TIM_ARRPreloadConfig(TIM3,ENABLE);
                                //使能TIM3在ARR上的预装载寄存器(影子寄存器)
    TIM_Cmd(TIM3,ENABLE);      //使能TIM3

}
int main(void)
```

```
{
    SystemInit ();
    TIM3_PWM_Init();
    while(1)
    {
    }
}
```

项目总结

本项目通过配置定时器 3 的脉冲宽度调制模式，实现了定时器计时周期为 0.5 ms 的 PWM 方波，可以修改"TIM_OCInitStructure.TIM_Pulse"的值改变占空比。

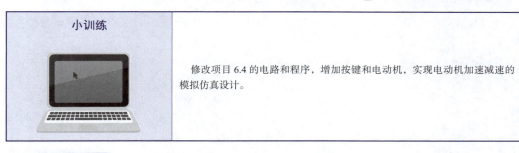

小训练

修改项目 6.4 的电路和程序，增加按键和电动机，实现电动机加速减速的模拟仿真设计。

项目 6.5 我能学：音乐播放器设计

项目分析

使用实训箱扬声器播放音乐。学习不同频率的脉冲可以使扬声器发出不一样的声音，了解每个音调代表的脉冲频率即可使扬声器播放简单的乐曲，并且能够通过修改定时器的时间配置不同节奏，达到良好的播放效果。

知识链接

音调的认知

声音（sound）是由物体振动产生的声波，是通过介质（空气或固体、液体）传播并能被人或动物听觉器官所感知的波动现象。声音包括以下三要素：

（1）响度（loudness）：人主观上感觉声音的大小（俗称音量），由"振幅"（amplitude）和人距离声源的远近决定，振幅越大响度越大，人和声源的距离越小，响度越大。

（2）音色（timbre）：由于不同对象材料，声音具有不同的音色，音色本身是抽象的，但波形将其变得直观，不同的音色可以通过波形来区分。

（3）音调（pitch）：声音的高低（高音、低音）由频率决定，频率越高音调越高（频率的单位为Hz），人耳听觉范围为20~20 000 Hz。20 Hz以下称为次声波，20 000 Hz以上称为超声波。音调和频率的对应关系见表6-5。

表 6-5　音调和频率对照表

音调	频率 /Hz	音调	频率 /Hz
低 1　DO	262	#4　FA#	740
#1　DO#	277	中 5　SO	784
低 2　RE	294	#5　SO#	831
#2　RE#	311	中 6　LA	880
低 3　MI	330	#6	932
低 4　FA	349	中 7　SI	988
#4　FA#	370	高 1　DO	1 046
低 5　SO	392	#1　DO#	1 109
#5　SO#	415	高 2　RE	1 175
低 6　LA	440	#2　RE#	1 245
#6	466	高 3　MI	1 318
低 7　SI	494	高 4　FA	1 397
中 1　DO	523	#4　FA#	1 480
#1　DO#	554	高 5　SO	1 568
中 2　RE	587	#5　SO#	1 661
#2　RE#	622	高 6　LA	1 760
中 3　MI	659	#6	1 865

参考表6-5中的频率，通过调用以下buzzerSound()函数，可以实现单一频率声音的扬声器输出。

```
//输出单一频率信号,usFreq是发声频率,取值范围是0~20 000 Hz
void buzzerSound(unsignedshortusFreq)
{
    GPIO_InitTypeDefGPIO_InitStructure;
    unsigned long ulVal;
    if((usFreq<=8000000/65536UL)||(usFreq>20000))
    {
        buzzerQuiet();
    }
    else
    {
        GPIO_PinRemapConfig(GPIO_Remap_TIM4,ENABLE);
                //改变指定引脚PD12映射，开启定时器4功能
        GPIO_InitStructure.GPIO_Pin=GPIO_Pin_12;
```

```
        GPIO_InitStructure.GPIO_Mode=GPIO_Mode_AF_PP;
        GPIO_InitStructure.GPIO_Speed=GPIO_Speed_50MHz;
        GPIO_Init(GPIOD,&GPIO_InitStructure);
        ulVal=8000000/usFreq;
        TIM4->ARR=ulVal;                    //设置自动重装载寄存器周期的值(音调)
        TIM_SetCompare1(TIM4,ulVal/2);      //设定匹配值
        TIM_Cmd(TIM4,ENABLE);               //使能计数
    }
}
```

项目实现

一、原理图

在EL教学实训箱中，发声的扬声器使用集成音频功率放大器pam8403芯片，接线原理图如图6.28所示，本项目采用单声道发声，将INL和INR并联跳线到STM32的一个I/O接口：PB5端口，也可根据自己手中的开发板或实训箱选择不同的I/O接口。

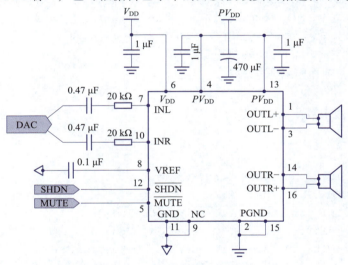

图6.28　pam8403接线电路

二、参考程序

定时器初始化函数：

```
void TIM4_PWM_Init(u16arr,u16psc)
{
    GPIO_InitTypeDefGPIO_InitStructure;
    TIM_TimeBaseInitTypeDefTIM_TimeBaseStructure;
    TIM_OCInitTypeDefTIM_OCInitStructure;

    RCC_APB1PeriphClockCmd(RCC_APB1Periph_TIM4,ENABLE);
    RCC_APB2PeriphClockCmd(RCC_APB2Periph_GPIOD|RCC_APB2Periph_AFIO,
                    ENABLE);
```

```c
    GPIO_PinRemapConfig(GPIO_Remap_TIM4,ENABLE);
    GPIO_InitStructure.GPIO_Pin=GPIO_Pin_12;
    GPIO_InitStructure.GPIO_Mode=GPIO_Mode_AF_PP;
    GPIO_InitStructure.GPIO_Speed=GPIO_Speed_50MHz;
    GPIO_Init(GPIOD,&GPIO_InitStructure);

    TIM_TimeBaseStructure.TIM_Period=arr;
    TIM_TimeBaseStructure.TIM_Prescaler=psc;
    TIM_TimeBaseStructure.TIM_ClockDivision=0;
    TIM_TimeBaseStructure.TIM_CounterMode=TIM_CounterMode_Up;
    TIM_TimeBaseInit(TIM4,&TIM_TimeBaseStructure);


    TIM_OCInitStructure.TIM_OCMode=TIM_OCMode_PWM2;
    TIM_OCInitStructure.TIM_OutputState=TIM_OutputState_Enable;
    TIM_OCInitStructure.TIM_Pulse=0;
    TIM_OCInitStructure.TIM_OCPolarity=TIM_OCPolarity_Low;
    TIM_OC1Init(TIM4,&TIM_OCInitStructure);
    TIM_OC1PreloadConfig(TIM4,TIM_OCPreload_Enable);
    TIM_ARRPreloadConfig(TIM4,ENABLE);
    TIM_Cmd(TIM4,ENABLE);
}
```

关闭扬声器函数:

```c
void buzzerQuiet(void)
{
    GPIO_InitTypeDefGPIO_InitStructure;
    TIM_Cmd(TIM4,DISABLE);
    GPIO_InitStructure.GPIO_Pin=GPIO_Pin_12;
    GPIO_InitStructure.GPIO_Mode=GPIO_Mode_Out_PP;
    GPIO_InitStructure.GPIO_Speed=GPIO_Speed_50MHz;
    GPIO_Init(GPIOD,&GPIO_InitStructure);
    GPIO_ResetBits(GPIOD,GPIO_Pin_12);
}
```

输出单一频率函数:

```c
void buzzerSound(unsigned short usFreq)
{
    GPIO_InitTypeDefGPIO_InitStructure;
    unsignedlongulVal;
    if((usFreq<=8000000/65536UL)||(usFreq>20000))
    {
        buzzerQuiet();
    }
```

```
        else
        {
            GPIO_PinRemapConfig(GPIO_Remap_TIM4,ENABLE);
            GPIO_InitStructure.GPIO_Pin=GPIO_Pin_12;
            GPIO_InitStructure.GPIO_Mode=GPIO_Mode_AF_PP;
            GPIO_InitStructure.GPIO_Speed=GPIO_Speed_50MHz;
            GPIO_Init(GPIOD,&GPIO_InitStructure);
            ulVal=8000000/usFreq;
            TIM4->ARR=ulVal;
            TIM_SetCompare1(TIM4,ulVal/2);
            TIM_Cmd(TIM4,ENABLE);
        }
}
```

输出音乐函数：

```
void musicPlay(void)
{
    u8 i=0;
    while(1)
    {
        if(MyScore[i].mTime==0)break;
        buzzerSound(MyScore[i].mName);
        delay_ms(MyScore[i].mTime);
        i++;
        buzzerQuiet();
        delay_ms(10);
    }
}
```

项目总结

由于篇幅原因以上代码没有列出乐谱的数组 MyScore，其中每个项的第一个元素是音调，第二个元素是当前音调占几拍，在宏定义中定义音调和节拍如下：

```
//定义低音音名
#define L1  262     // c
#define L2  294     // d
#define L3  330     // e
#define L4  349     // f
#define L5  392     // g
#define L6  440     // a1
#define L7  494     // b1

//定义中音音名
#define M1  523     // c1
```

```
#define M2 587      // d1
#define M3 659      // e1
#define M4 698      // f1
#define M5 784      // g1
#define M6 880      // a2
#define M7 988      // b2

//定义高音音名
#define H1 1047     // c2
#define H2 1175     // d2
#define H3 1319     // e2
#define H4 1397     // f2
#define H5 1568     // g2
#define H6 1760     // a3
#define H7 1976     // b3

//定义数值单位,决定演奏速度  (数值单位:ms)
#define TT 2000
```

例如，数组定义 const tNote MyScore[]={M1，TT/4} 中 {M1，TT/4} 代表中音 DO，占 1/4 个节拍，用此方法即可下载喜欢音乐的简谱修改乐谱进行播放。

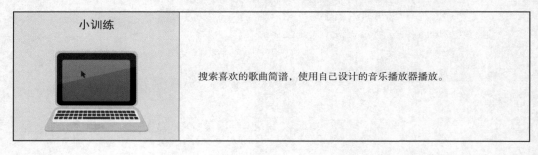

小训练

搜索喜欢的歌曲简谱，使用自己设计的音乐播放器播放。

专题七　STM32 综合项目设计

 教学导航

　　为了满足不同的应用场景，本专题深化扩展使用STM32的综合技能，根据生产生活中实际案例，完成洗手间自动冲水系统、智能路灯控制器、PC与STM32通信系统、STM32温度检测系统的模拟仿真设计，重点训练STM32驱动直流电动机、STM32模数转换模块读取直流电压值、STM32通过串口通信和DS18B20读写等综合应用能力，培养学生的创新思维和实践能力，为他们在实际工作中应对各种挑战奠定坚实基础。

项目内容	洗手间自动冲水系统的模拟仿真 智能路灯控制器的模拟仿真 PC 与 STM32 通信系统模拟仿真 STM32 温度检测系统模拟仿真
能力目标	能够使用 STM32 驱动直流电动机，并改变转速和方向 能够使用 STM32 模数转换模块读取直流电压值 能够配置 STM32 UART 通信发送和接收数据 能够配置 STM32 的单总线模式读写 DS18B20
知识目标	掌握 L298 芯片功能 掌握 STM32ADC 的使用方法 掌握 STM32UART 编程相关的寄存器和库函数 掌握 STM32 控制 DS18B20 程序设计
重点和难点	重点：STM32 的 ADC、UART 综合使用方法 难点：调用 STM32 ADC 相关寄存器和库函数对模拟量进行采集，调用 STM32 UART 相关库函数和 PC 完成通信
学时建议	16 学时
项目开发环境	EL 教学实训箱和 Proteus 仿真软件
电赛应用	在历年的电子设计大赛中，很多题目都是与电气参数测量有关的，比如电阻、电容、电压和电流，都可以通过电桥等检测电路转换为模拟量，再通过 STM32 的 ADC 功能进行采集。 　　实际上，各类电子大赛的作品都可以看作一个电子产品的综合项目设计。以 2021 年 K 题为例，要求设计并制作一个照度稳定可调的 LED 台灯和一个数字显示照度表，考查了参赛选手的电源电路设计、控制 PWM 输出信号、ADC 转换、上位机与下位机通信的综合能力

项目 7.1 跟着做：洗手间自动冲水系统的模拟仿真

项目分析

洗手间自动冲水系统又称洗手间感应节水器，常见于学校、饭店、商场等公共场所的卫生间内，该产品既保留了沟槽式厕所使用人流量大的优势特点，又克服了无人使用时长流水造成水资源浪费的弊端，将沟槽式厕所的优势发挥到最大。根据实际使用统计，适用于沟槽式厕所自动冲水的节水器平均节水率在85%以上，它的外观如图7.1所示。

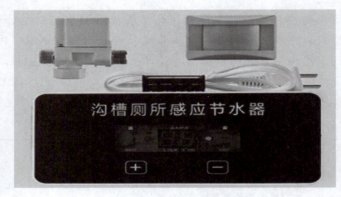

图 7.1 节水器

本项目综合STM32的I/O接口控制、中断、定时器等知识点，控制水泵电动机的定时转动和停止，同时检测是否有人使用触发中断，模拟仿真洗手间自动冲水系统。

小问答	请读者通过观察和资料查询，列举冲水系统的功能：
	（1）_____
	（2）_____
	（3）_____

知识链接

电动机驱动模块 L298N 的认知

STM32 I/O接口的驱动能力无法单独驱动水泵电动机，所以控制电动机的转速和转动方向一般需要借助专用的电动机驱动模块或芯片。在嵌入式领域中L298N属于最常用的电动机驱动模块，该模块稳定、耐用且操作简单，备受广大电子爱好者的喜爱。L298N是专用驱动集成电路，属于H桥集成电路，输出电流增大时，功率增强。其输出电流为2 A，最高电流4 A，最高工作电压50 V，可以驱动感性负载，如大功率直流电动机、步进电动机、电磁阀等，特别是其输入端可以与单片机直接相连，可以更方便地受单片机控制。当驱动直流电动机时，可以直接控制步进电动机，并可实现电动机正转与反转，实现此功能只需改变输入端的逻辑电平即可。

L298N芯片可以驱动两个二相电动机，或一个四相电动机，输出电压最高可达50 V，可以直接通过电源调节输出电压，也可以直接用单片机的I/O接口提供信号，且电路简单，使用比较方便。

图7.2所示为L298N驱动电动机电路原理图，L298N可接受标准TTL逻辑电平信号V_S，V_S可接4.5~7 V电压。V_{SS}接电源电压，电压范围为2.5~46 V。输出电流达2 A，可驱动电感性负载。ISENA和ISENB引脚下管的发射极分别单独引出以便接入电流采样电阻，形成电流传感信号。L298N可驱动2个电动机，OUT1、OUT2和OUT3、OUT4之间可分别接电动机，电路中选用驱动两台电动机增加水压。IN1、IN2和IN3、IN4引脚接输入控制电平，控制电动机的正反转。ENA、ENB接控制使能端，控制电动机的停转。

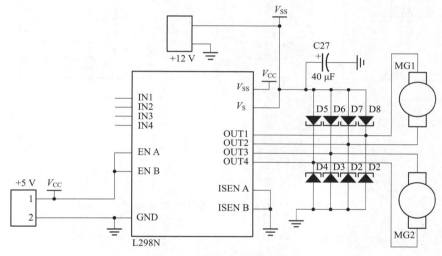

图 7.2　L298N 驱动电动机

以控制电动机MG1为例，要用到通道A使能端ENA口，逻辑输入IN1、IN2。通过跳线使通道A使能为1、IN1为1、IN2为0时电动机正转；IN1为0、IN2为1时电动机反转；IN1和IN2都为1或0时电动机不转。如果想控制电动机转速，可用STM32定时器输出PWM方波接到ENA端口，通过调整占空比的方法调速，占空比越大速度越大，占空比越小速度越小。本项目只控制水泵电动机的启停，没有连接和配置控速的电路和软件程序。

 项目实现

一、原理图

图7.3所示为自动冲水系统仿真电路原理图，该电路采用控制双电动机增压的L298N驱动方式，L298N的控制端连接STM32的PC0~PC5端口，按键实现手动冲水，在实际电路中也可替换为光电传感器或人体感应传感器，因为都是读取开关信号触发中断进行冲水，所以不用修改程序。

二、参考程序

中断初始化程序exit_config():

```
void exit_config(void)
{
    EXTI_InitTypeDefEXTI_InitStructure;
    NVIC_InitTypeDefNVIC_InitStructure;
```

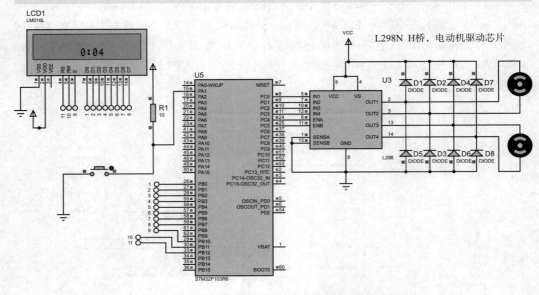

图 7.3 自动冲水系统仿真电路原理图

```
    RCC_APB2PeriphClockCmd(RCC_APB2Periph_AFIO,ENABLE);

    GPIO_EXTILineConfig(GPIO_PortSourceGPIOA,GPIO_PinSource1);
        //EXTI12EXTI_Line12中断线2与PB12映射,设置PB12为中断源EXTI_Line12
    EXTI_InitStructure.EXTI_Line=EXTI_Line1;
        //将中断映射到中断线EXTI_Line1上
    EXTI_InitStructure.EXTI_Mode=EXTI_Mode_Interrupt;
        //设置为中断模式
    EXTI_InitStructure.EXTI_Trigger=EXTI_Trigger_Rising_Falling;
        //设置为下降沿触发中断
    EXTI_InitStructure.EXTI_LineCmd=ENABLE;
        //中断使能,即开中断
    EXTI_Init(&EXTI_InitStructure);
        //根据EXTI_InitStruct中指定的参数初始化外设EXTI寄存器
    NVIC_InitStructure.NVIC_IRQChannel=EXTI1_IRQn;
        //使能按键所在的外部中断通道
    NVIC_InitStructure.NVIC_IRQChannelPreemptionPriority=0x0;
        //抢占优先级0位
    NVIC_InitStructure.NVIC_IRQChannelSubPriority=0x0f;
```

```
                        //响应优先级4位，优先级15为最低优先级
    NVIC_InitStructure.NVIC_IRQChannelCmd=ENABLE;
            //使能外部中断通道
    NVIC_Init(&NVIC_InitStructure);
            //中断优先级分组初始化
}
```

中断函数EXTI1_IRQHandler()，当中断触发时冲水20 s，并显示倒计时时间。

```
void EXTI1_IRQHandler(void)
{
    int j;
    if(GPIO_ReadInputDataBit(GPIOA,GPIO_Pin_1)==0)
    {
        for(j=20;j>=0;j--)
        {
            GPIO_Write(GPIOC,0x003a);        //L298N控制电动机冲水
            LCD_ShowNum(7,1,j/60);
            LCD_ShowChar(8,1,':');
            LCD_ShowNum(9,1,j%60/10);
            LCD_ShowNum(10,1,j%60%10);
            Delay(20);
        }
    }
}
```

主函数循环执行每2 min后冲水50 s，并显示倒计时时间。

```
int main(void)
{
    GPIO_InitTypeDefGPIO_InitStructure;
    RCC_APB2PeriphClockCmd(RCC_APB2Periph_GPIOC,ENABLE);
    GPIO_InitStructure.GPIO_Pin=GPIO_Pin_0|GPIO_Pin_1|GPIO_Pin_2
                    |GPIO_Pin_3|GPIO_Pin_4|GPIO_Pin_5;
    GPIO_InitStructure.GPIO_Mode=GPIO_Mode_Out_PP;
    GPIO_InitStructure.GPIO_Speed=GPIO_Speed_50MHz;
    GPIO_Init(GPIOC,&GPIO_InitStructure);
    RCC_APB2PeriphClockCmd(RCC_APB2Periph_GPIOA,ENABLE);
    GPIO_InitStructure.GPIO_Pin=GPIO_Pin_1;
    GPIO_InitStructure.GPIO_Mode=GPIO_Mode_IPU;
    GPIO_InitStructure.GPIO_Speed=GPIO_Speed_50MHz;
    GPIO_Init(GPIOA,&GPIO_InitStructure);
    exit_config();
    LCD1602_Init();
    GPIO_Write(GPIOC,0x0000);
    while(1)
    {
        for(i=120;i>=0;i--)
```

```
            {
                GPIO_Write(GPIOC,0x0000);
                LCD_ShowNum(7,1,i/60);
                LCD_ShowChar(8,1,':');
                LCD_ShowNum(9,1,i%60/10);
                LCD_ShowNum(10,1,i%60%10);
                Delay(20);
                if(i==0)
                {
                    for(i=50;i>=0;i--)
                    {
                        GPIO_Write(GPIOC,0x003a);
                        LCD_ShowNum(7,1,i/60);
                        LCD_ShowChar(8,1,':');
                        LCD_ShowNum(9,1,i%60/10);
                        LCD_ShowNum(10,1,i%60%10);
                        Delay(20);
                    }
                }
            }
        }
```

项目总结

本项目基于中断和 I/O 控制模拟仿真了自动冲水系统，同时也学习了 L298N 驱动电动机的控制原理。可训练编写 STM32 定时器输出 PWM 方波的程序驱动电动机查看 Proteus 中的电动机转速变化。

项目 7.2　我能做：智能路灯控制器的模拟仿真

项目分析

传统的路灯控制方法多为"钟控"。钟控不能随天气变化或季节变化而改变路灯打开和关闭的时间，有可能会出现光线较强时还开着路灯、光线较暗时反而关闭路灯的情况。这样不仅会造成电能的大量浪费还有可能对社会治安和交通安全带来隐患。

智能路灯控制系统可以根据每天太阳升起和落下时间的不同所引起光照强度的变化控制路灯的开启和关闭，对路灯实行精细化管理，这样就可以有效减少电能的浪费，提高路灯用电效率、节约能源。

知识链接

一、STM32 模数转换模块 ADC 的认知

ADC（analog-to-digital converter）为模数转换器或模拟/数字转换器的简称，是指将模拟信号转换为数字信号的器件。

通常的模数转换器是将一个输入电压信号转换为一个输出的数字信号。由于数字信号本身不具有实际意义，仅表示一个相对大小，故任何一个模数转换器都需要一个参考模拟量作为转换的标准，而输出的数字量则表示输入信号相对于参考电压的大小。因此，模拟数字转换器将模拟信号转换为表示一定比例电压值的数字信号。

在工业控制和智能化的仪表中，常用STM32进行实时控制以及数据处理。由于控制器CPU所能处理的信息必须是数字，而控制或测量的有关参数往往是连续变化的模拟量，如温度、压力、速度和电压等，必须将这些连续变化的模拟量转换成数字，控制器的CPU才可以处理，模拟量转换成数字的过程就是模/数（A/D）转换，能够完成模/数（A/D）转换的设备称为A/D转换器或ADC。

单片机ADC的应用案例包括：

（1）机器人导航系统：机器人导航系统利用单片机ADC采集传感器数据，并将其转换为数字信号，从而定位机器人在环境中的位置和方向。

（2）智能家居系统：智能家居系统通常使用传感器测量环境参数，并将其通过单片机ADC转换为数字信号。例如，温度、湿度和光强传感器可以用于智能家居控制，可控制这些参数实现自动化控制。

（3）嵌入式系统：嵌入式系统通常使用单片机ADC采集数据，从而读取环境参数并采取相应措施。

STM32的ADC因其高速、高精度、低功耗、小体积等优点，在工业、军事、医疗、汽车、环保等领域受到广泛应用。

二、STM32ADC 工作原理

1. STM32ADC 简介

STM32F103系列拥有3个12位分辨率的独立ADC控制器，是一种12位逐次逼近型模拟数字转换器。它有多达18个通道，可测量16个外部和2个内部信号源。各通道的A/D转换可以在单次、连续、扫描或间断模式下执行。ADC的结果可以以左对齐或右对齐方式存储在16位数据寄存器中。ADC的输入时钟不得超过14 MHz，它由PCLK2经分频产生。

STM32ADC的主要功能特点如下：

- 12位分辨率；
- 转换结束、注入转换结束和发生模拟看门狗事件时产生中断；
- 单次和连续转换模式；
- 从通道0到通道n的自动扫描模式；
- 带内嵌数据一致性的数据对齐；
- 采样间隔可以按通道分别编程；
- 规则转换和注入转换均有外部触发选项；
- 间断模式；
- 双重模式（带两个或以上ADC的器件）；
- ADC供电要求：2.4~3.6 V；

- ADC输入范围：$V_{REF-} \leq V_{IN} \leq V_{REF+}$；
- 规则通道转换期间有DMA请求产生。

2. 电源及电压输入范围

ADC输入范围为$V_{REF-} \leq V_{IN} \leq V_{REF+}$。由$V_{REF-}$、$V_{REF+}$、$V_{DDA}$、$V_{SSA}$这四个外部引脚决定。在设计原理图时一般把$V_{SSA}$和$V_{REF-}$接地，把$V_{REF+}$和$V_{DDA}$接3.3 V，得到ADC的输入电压范围为0~3.3 V。具体配置见表7-1。

表 7-1 ADC 相关引脚

名 称	信号类型	注 解
V_{REF+}	输入，模拟参考正极	ADC使用的正极参考电压，在2.4 V和V_{DDA}之间
V_{DDA}	输入，模拟电源	等效于V_{DD}的模拟电源且在2.4 V和3.6 V之间
V_{REF-}	输入，模拟参考负极	ADC使用的负极参考电压，$V_{REF-}=V_{SSA}$
V_{SSA}	输入，模拟电源地	等效于V_{SS}的模拟电源地
ADCx_IN[15:0]	模拟输入信号	16个模拟输入通道

3. 输入通道和通道转换顺序

ADC具有18个通道，其中外部通道16个，可最多测量16个外部和2个内部信号源。其中ADC1和ADC2都有16个外部通道，ADC3根据CPU引脚的不同通道数也不同，一般都有8个外部通道。

外部的16个通道在转换时，可以把转换组织为规则通道组和注入通道组，其中规则通道最多有16路，注入通道最多有4路。如果ADC只使用一个通道转换，那就比较简单，但如果使用多个通道进行转换就涉及先后顺序问题，毕竟规则转换通道只有一个数据寄存器。多个通道的使用顺序分为两种情况：规则通道的转换顺序和注入通道的转换顺序。

（1）规则通道：即按照顺序依次转换，相当于正常运行的程序。平时通常使用的就是这个通道。规则通道的数量和它的转换顺序在ADC_SQRx寄存器中选择，规则通道组转换的总数应写入ADC_SQR1寄存器的L[3:0]中。

（2）注入通道：在规则通道转换的时候强行插入要转换的信号，属于一种紧急的转换通道，只有在外部信号触发的时候才会启动，就跟中断一样。当有触发信号进入时，注入通道会打断规则通道的转换，执行注入通道，等注入通道转换完毕后回到规则通道转换继续执行。所以，注入通道只有在规则通道存在时才会出现。需要注意的是可编程设定注入通道最多为4个。注入通道的数量和它的转换顺序在ADC_JSQR寄存器中选择。注入通道组中转化的总数应写入ADC_JSQR寄存器的L[1:0]中。

4. 触发方式

（1）直接配置寄存器触发，通过配置控制寄存器CR2的ADON位，写1时开始转换，写0时停止转换。在程序运行过程中只需要调用库函数，将CR2寄存器的ADON位置1即可进行转换。

（2）通过内部定时器或者外部I/O触发转换，即可以利用内部时钟让ADC进行周期性的转换，也可以利用外部I/O使ADC在需要时转换，具体的触发由控制寄存器CR2决定。

5. 转换模式

STM32F1的ADC的各通道可以在单次、连续、扫描等模式下执行转换。

1）单次转换模式

单次转换模式下，只执行一次转换。该模式既可通过设置ADC_CR2寄存器的ADON位（只适用于规则通道）启动，也可通过外部触发启动（适用于规则通道或注入通道），这时CONT位为0，如图7.4所示。

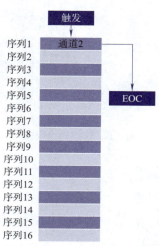

图7.4　单次转换模式

（1）如果一个规则通道被转换：转换数据被存储在16位ADC_DR寄存器中；EOC（转换结束）标志被设置；如果设置了EOCIE位，则产生中断。

（2）如果一个注入通道被转换：转换数据被存储在16位的ADC_DRJ1寄存器中；JEOC（注入转换结束）标志被设置；如果设置了JEOCIE位，则产生中断。

2）连续转换模式

在连续转换模式中，当前面ADC转换一结束马上就启动另一次转换。此模式可通过外部触发启动或通过设置ADC_CR2寄存器上的ADON位启动，此时CONT位是1，如图7.5所示。

（1）如果一个规则通道被转换：转换数据被存储在16位的ADC_DR寄存器中；EOC（转换结束）标志被设置；如果设置了EOCIE位，则产生中断。

（2）如果一个注入通道被转换：转换数据被存储在16位的ADC_DRJ1寄存器中；JEOC（注入转换结束）标志被设置；如果设置了JEOCIE位，则产生中断。

3）扫描模式

此模式用来扫描一组模拟通道，可通过设置ADC_CR1寄存器的SCAN位选择。一旦SCAN设置，ADC将扫描所有被ADC_SQRX寄存器（对规则通道）或ADC_JSQR（对注入通道）选中的所有通道。在每个组的每个通道上执行单次转换。在每个转换结束时，同一组的下一个通道被自动转换。如果设置了CONT位，转换不会在选择组的最后一个通道上停止，而是再次从选择组的第一个通道继续转换，如图7.6所示。

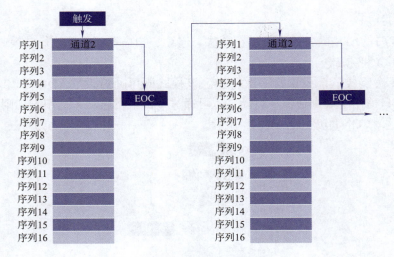

图 7.5　连续转换模式

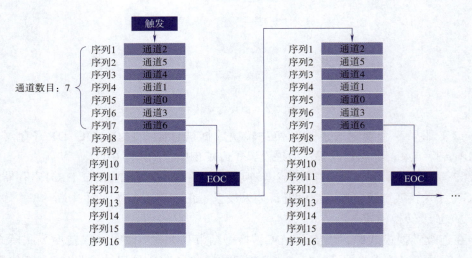

图 7.6　扫描模式

三、STM32ADC 库函数配置

以ADC1的通道1为例，STM32ADC库函数配置步骤如下。

（1）开启PA口和ADC1时钟，设置PA1端口为模拟输入。STM32F103RCT6的ADC通道1在PA1端口上，所以首先要使能PORTA的时钟，然后设置PA1端口为模拟输入。使能GPIOA和ADC时钟用RCC_APB2PeriphClockCmd()函数，设置PA1端口的输入方式，使用GPIO_Init()函数即可。

（2）复位ADC1，同时设置ADC1分频因子。开启ADC1时钟之后，需要复位ADC1，将ADC1的全部寄存器重设为默认值后，即可通过RCC_CFGR设置ADC1的分频因子。分频因子要确保ADC1的时钟（ADCCLK）不超过14 MHz。设置分频因子

为6,时钟为72/6=12 MHz,库函数的实现方法为

```
RCC_ADCCLKConfig(RCC_PCLK2_Div6);
```

ADC时钟复位的方法为

```
ADC_DeInit(ADC1);
```

(3) 初始化ADC1参数,设置ADC1的工作模式以及规则序列的相关信息。在设置完分频因子之后,即可开始ADC1的模式配置,设置单次转换模式、触发方式选择、数据对齐方式等都在这一步实现。同时,还要设置ADC1规则序列的相关信息,这里只有一个通道,并且是单次转换的,所以设置规则序列中通道数为1。这些在库函数中是通过函数ADC_Init()实现的,其定义为

```
voidADC_Init(ADC_TypeDef*ADCx,ADC_InitTypeDef*ADC_InitStruct);
```

从函数定义可以看出,第一个参数是指定ADC号。第二个参数与其他外设初始化一样,同样是通过设置结构体成员变量的值设定参数。

```
type defstruct
{
    uint32_t ADC_Mode;
    FunctionalState ADC_ScanConvMode;
    FunctionalState ADC_ContinuousConvMode;
    uint32_t ADC_ExternalTrigConv;
    uint32_t ADC_DataAlign;
    uint8_t ADC_NbrOfChannel;
}ADC_InitTypeDef;
```

参数ADC_Mode用来设置ADC的模式。ADC的模式非常多,包括独立模式、注入同步模式等,这里选择独立模式,所以参数为ADC_Mode_Independent。

参数ADC_ScanConvMode用来设置是否开启扫描模式,因为本项目是单通道单次转换,所以这里选择不开启值DISABLE即可。

参数ADC_ContinuousConvMode用来设置是否开启连续转换模式,因为是单次转换模式,所以选择不开启连续转换模式,DISABLE即可。

参数ADC_ExternalTrigConv用来设置启动规则转换组转换的外部事件,这里选择软件触发,选择值为ADC_ExternalTrigConv_None即可。

参数DataAlign用来设置ADC数据对齐方式是左对齐还是右对齐,这里选择右对齐方式ADC_DataAlign_Right。

参数ADC_NbrOfChannel用来设置规则序列的长度,本项目只开启一个通道,所以值为1即可。代码如下:

```
ADC_InitTypeDef ADC_InitStructure;
ADC_InitStructure.ADC_Mode = ADC_Mode_Independent;
                                //ADC工作模式:独立模式
ADC_InitStructure.ADC_ScanConvMode = DISABLE;
```

```c
                                                    //ADC单通道模式
ADC_InitStructure.ADC_ContinuousConvMode = DISABLE;
                                                    //ADC单次转换模式
ADC_InitStructure.ADC_ExternalTrigConv = ADC_ExternalTrigConv_None;
                                                    //转换由软件而不是外部触发启动
ADC_InitStructure.ADC_DataAlign = ADC_DataAlign_Right;
                                                    //ADC数据右对齐
ADC_InitStructure.ADC_NbrOfChannel = 1;
                                                    //顺序进行规则转换的ADC通道的数目:1
ADC_Init(ADC1,&ADC_InitStructure);
                                                    //根据指定的参数初始化外设 ADCx
```

（4）使能ADC并校准。在设置完以上信息后，即可使能AD转换器，执行复位校准和AD校准，注意这两步是必需的，不校准将导致结果很不准确。使能指定的ADC的方法为

```c
ADC_Cmd(ADC1,ENABLE);                               //使能指定的ADC1
```

执行复位校准的方法为

```c
ADC_ResetCalibration(ADC1);
```

执行ADC校准的方法为

```c
ADC_StartCalibration(ADC1);                         //开始指定ADC1的校准状态
```

每次进行校准之后应等待校准结束，可通过获取校准状态判断校准是否结束。复位校准和AD校准的等待结束方法为

```c
while(ADC_GetResetCalibrationStatus(ADC1));         //等待复位校准结束
while(ADC_GetCalibrationStatus(ADC1));              //等待AD校准结束
```

（5）读取ADC值。在上面的校准完成之后，ADC准备就绪。接下来设置规则序列1中的通道、采样顺序以及通道的采样周期，然后启动ADC转换。在转换结束后，读取ADC转换结果值。这里设置规则序列通道以及采样周期的函数为

```c
void ADC_RegularChannelConfig(ADC_TypeDef*ADCx,uint8_tADC_Channel,
    uint8_tRank,uint8_tADC_SampleTime);
```

这里是规则序列中的第1个转换，同时采样周期为239.5，所以设置为

```c
ADC_RegularChannelConfig(ADC1,ch,1,ADC_SampleTime_239Cycles5);
```

软件开启ADC转换的方法为

```c
ADC_SoftwareStartConvCmd(ADC1,ENABLE);//使能指定的ADC1的软件转换启动功能
```

开启转换之后，就可以获取转换ADC转换结果数据，方法为

```c
ADC_GetConversionValue(ADC1);
```

同时在AD转换中，还需要根据状态寄存器的标志位获取AD转换的各个状态信息。库函数获取AD转换的状态信息的函数为

```
FlagStatusADC_GetFlagStatus(ADC_TypeDef*ADCx,uint8_tADC_FLAG)
```

要判断ADC1的转换是否结束，方法为

```
while(!ADC_GetFlagStatus(ADC1,ADC_FLAG_EOC));      //等待转换结束
```

一、原理图

在STM32中搜索TOUCH_LDR，添加光敏电阻的模拟仿真器件，电路原理图如图7.7所示。单击"上下"按钮可改变光敏电阻阻值，通过ARM内部的ADC采集光敏电阻电压，当电压低于设定的值，表示光强太弱，灯亮；光强合适，显示OK且灯不亮。

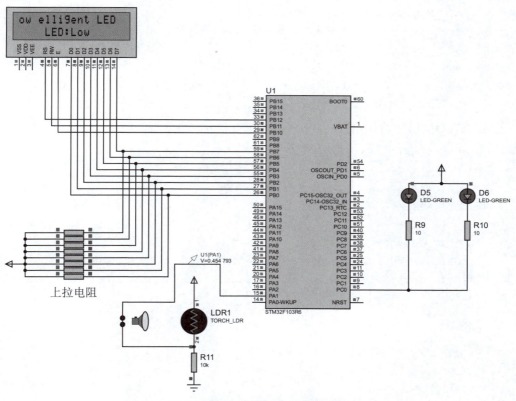

图 7.7　智能路灯仿真电路原理图

二、参考程序

ADC初始化函数ADC_Config()：

```
void ADC_Config(void)
{
    ADC_InitTypeDef ADC_InitStructure;//ADC结构体变量。注意在一个语句块
内变量的声明要放在可执行语句的前面，否则出错，因此要放在ADC1_GPIO_Config();前面
    ADC_InitStructure.ADC_Mode = ADC_Mode_Independent;
```

```
                                            //ADC1和ADC2工作在独立模式
    ADC_InitStructure.ADC_ScanConvMode = DISABLE;
                                            //使能扫描
    ADC_InitStructure.ADC_ContinuousConvMode = ENABLE;
                                            //ADC转换工作在连续模式
    ADC_InitStructure.ADC_ExternalTrigConv = ADC_ExternalTrigConv_None;
                                            //由软件控制转换,不使用外部触发
    ADC_InitStructure.ADC_DataAlign = ADC_DataAlign_Right;
                                            //转换数据右对齐
    ADC_InitStructure.ADC_NbrOfChannel = 1;         //转换通道为1
    ADC_Init(ADC1,&ADC_InitStructure);              //初始化ADC

    ADC_RegularChannelConfig(ADC1,ADC_Channel_1,1,
    ADC_SampleTime_55Cycles5);
    //ADC1选择信道14,音序等级1,采样时间55.5个周期
    ADC_Cmd(ADC1,ENABLE);                           //使能ADC1
    ADC_ITConfig(ADC1,ADC_IT_EOC,ENABLE);
    ADC_SoftwareStartConvCmd(ADC1,ENABLE);
}
```

ADC I/O接口初始化函数:

```
void ADC1_GPIO_Config(void)
{
    GPIO_InitTypeDefGPIO_InitStructure;
    RCC_APB2PeriphClockCmd(RCC_APB2Periph_GPIOA|RCC_APB2Periph_ADC1,
                    ENABLE);                //使能ADC1,GPIOA时钟
    GPIO_InitStructure.GPIO_Pin = GPIO_Pin_1;
    GPIO_InitStructure.GPIO_Mode = GPIO_Mode_AIN;//模拟输入
    GPIO_Init(GPIOA,&GPIO_InitStructure);       //初始化PC4端口
}
```

主函数:

```
int main(void)
{
    int ADC_num;
    float temp;
    ADC1_GPIO_Config();
    ADC_Config();
    delay_init();                               //延时函数初始化
    LCD1602_Init();
    LCD1602_ShowStr(0,0,"Intelligent LED",15);
    LCD1602_ShowStr(0,1,"    LED:",8);
    GPIO_InitTypeDef GPIO_InitStructure;
    RCC_APB2PeriphClockCmd(RCC_APB2Periph_GPIOC,ENABLE);
```

```
            GPIO_InitStructure.GPIO_Pin = GPIO_Pin_0;
            GPIO_InitStructure.GPIO_Mode = GPIO_Mode_Out_PP;
            GPIO_InitStructure.GPIO_Speed = GPIO_Speed_10MHz;
            GPIO_Init(GPIOC,&GPIO_InitStructure);
    while(1)
    {
            ADC_num=ADC_GetConversionValue(ADC1);
            temp=ADC_num*(3.4/4096)*10;
            //表示光线太弱
            if(temp<18)
            {
                LCD1602_ShowStr(8,1,"Low ",4);
                GPIO_ResetBits(GPIOC,GPIO_Pin_0);
            }
            else
            {
                //光线合适
                LCD1602_ShowStr(8,1,"OK ",4);
                GPIO_SetBits( GPIOC,GPIO_Pin_0 );
            }
    }
}
```

项目总结

本项目基于 ADC 和 I/O 控制 LED 实现智能路灯控制器的模拟仿真，在模拟仿真或者实际电路调试中，如果想改变亮灯的光强阈值，可以修改 if（temp <18）中 temp 的上限。

项目 7.3　我能做：PC 与 STM32 通信系统模拟仿真

项目分析

USART常用来实现控制器与PC之间的数据传输。这使得用户调试程序非常方便，比如可以把一些变量的值、函数的返回值、寄存器标志位等通过USART发送到串口调试助手，这样可以了解程序的运行状态，当程序正式发布时再把这些调试信息去除即可。

本项目要实现STM32与PC通信的模拟仿真，借助虚拟串口和串口调试助手软件，实现PC发送给STM32一个字符，STM32读取字符后回送给PC的功能。

知识链接

一、单片机通信基础

计算机通信是指在计算机设备与设备之间或集成电路之间进行的数据传输。

1. 通信传输的方式

通信可分为串行通信与并行通信两种方式。并行通信是指数据各个位同时传输；串行通信是指数据按位顺序一位一位地传输。两种传输方式如图7.8所示。

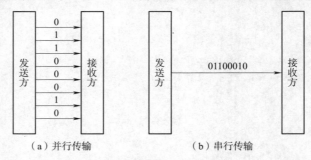

图 7.8　并行通信和串行通信

在数据传输速率相同的情况下，很明显，因为一次可传输多个数据位的数据，并行通信传输的数据量要大得多。而串行通信则可以节省数据线的硬件成本（特别是远距离时）以及PCB的布线面积。并行传输对同步要求较高，而且信号干扰的问题会显著影响通信性能。现在随着通信速率的提高，越来越多的应用场合采用高速率的串行通信。串行通信和并行通信特征对比见表7-2。

表 7-2　串行通信与并行通信

特征	串行通信	并行通信
传输速度	较慢	较高
成本	较低	较高
抗干扰能力	较强	较弱
通信距离	较远	较近

2. 通信传输的方向

根据数据通信的方向，通信又分为单工、半双工及全双工通信。

（1）单工：数据传输只支持数据在一个方向传输，在任何时刻都只能进行一个方向的通信。即一个固定为发送设备，另一个固定为接收设备，如图7.9所示。

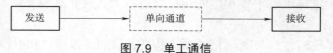

图 7.9　单工通信

（2）半双工：两个设备之间可以收发数据，但不能在同一时刻进行。允许数据在两个方向传输，但是，在某一时刻，只允许数据在一个方向传输，实际上是一种可以切换方向的单工通信,如图7.10所示。

图 7.10 半双工通信

(3) 全双工:在同一时刻,两个设备之间可以同时收发数据。允许数据同时在两个方向传输,因此,全双工通信是两个单工通信方式的结合,它要求发送设备和接收设备都有独立的接收和发送能力,如图7.11所示。

图 7.11 全双工通信

3. 通信的数据同步方式

根据通信的数据同步方式,又分为同步通信和异步通信两种。同步通信和异步通信可以根据通信过程中是否有使用到时钟信号进行简单的区分。

(1) 同步通信:带时钟同步信号传输。如SPI、IIC通信接口。在同步通信中,收发设备双方会使用一根信号线表示时钟信号,在时钟信号的驱动下双方进行协调,同步数据。通信中通常双方会统一规定在时钟信号的上升沿或下降沿对数据线进行采样。

(2) 异步通信:不带时钟同步信号。如UART、单总线。在异步通信中,通信双方要做好约定,如直接在数据信号中穿插一些信号位,或者把主体数据进行打包,以数据帧的格式传输数据,约定数据的传输速率等。不同通信标准对比见表7-3。

表 7-3 通信标准对比

通信标准	引脚说明	通信方式	通信方向
UART(通用异步收发器)	TX:发送端 RX:接收端 GND:公共地	异步通信	全双工
单总线(1-wire)	DQ:接收端	异步通信	半双工
SPI	SCK:同步时钟 MISO:主机输入,从机输出 MOSI:主机输出,从机输入	同步通信	全双工
I2C	SCL:同步时钟 SDA:数据输入/输出端	同步通信	半双工

4. 通信速率

通信速率衡量通信性能的一个非常重要的参数,通常以比特率(bit rate)表示,即每秒传输的二进制位数,单位为比特每秒(bit/s),人们常常直接以波特率表示比特。串口波特率/比特率:9 600 bit/s,即每秒传输9 600 bit。波特率的常用值有2 400、

9 600、19 200、115 200。波特率越大,传输速率越快。

二、STM32 的 USART 串口基础

大容量STM32F103系列芯片,包含三个USARTx(x=1~3)和两个UARTx(x=4、5),其中UART(universal asynchronous teceiver/transmitter)是指通用异步收发器,USART(universal synchronous/asynchronous receiver/transmitter)是指通用同步异步收发器。平时用的串口通信基本都是UART(全双工异步通信)。

1. UART 异步通信方式有以下特点:

(1)全双工异步通信;

(2)分数比特率发生器系统,提供精确的比特率。发送和接受共用的可编程比特率,最高可达4.5 Mbit/s。

(3)可编程的数据字长度(8位或者9位)。

(4)可配置的停止位(支持1或2位停止位)。

(5)可配置的使用DMA多缓冲器通信。

(6)单独的发送器和接收器使能位。

(7)检测标志:①接受缓冲器;②发送缓冲器空;③传输结束标志。

(8)多个带标志的中断源,触发中断。

(9)其他:校验控制,四个错误检测标志。

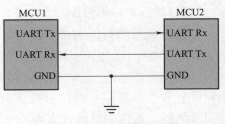

图 7.12 UART 通信引脚

2. UART 引脚连接方法

对于两个芯片之间的连接,两个芯片GND共地,同时TXD和RXD交叉连接。这里的交叉连接是指,一个芯片发送数据,另一个芯片接收数据,芯片1的RXD连接芯片2的TXD,芯片2的RXD连接芯片1的TXD。这样两个芯片之间就可以进行TTL电平通信。UART通信引脚连接方法如图7.12所示。

对于芯片和PC之间的连接,芯片常用TTL电平标准,PC常用RS-232的电平标准。相比TTL电平,RS-232可以使用-15 V表示逻辑1,+15 V表示逻辑0,增加了串口通信的远距离传输及抗干扰能力。

若是芯片与PC相连,除了共地之外,无法直接交叉连接。尽管PC和芯片都有TXD和RXD引脚,但是通常PC使用的都是RS-232通信标准,芯片采用的是TTL电平,所以需要连接一个RS-232转换器将TTL电平转换成PC可以识别的RS-232电平,再交叉连接,连接方法如图7.13所示。

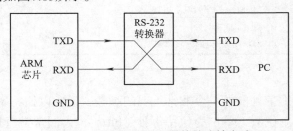

图 7.13 UART 和 PC 通信的连接方法

3. RS-232 接口协议简介

RS-232C是使用最早、应用最多的一种异步串行通信总线标准。是美国电子工业协会（EIA）于1962年公布，1969年最后修定而成的。其中，RS表示recommended standard，232是该标准的标识号，C表示最后一次修定。

RS-232主要用来定义计算机系统的数据终端设备（DTE）和数据电路终接设备（DCE）之间的电器性能。例如，CRT、打印机与CPU的通信大多采用RS-232接口，MCS-51单片机PC的通信也是采用该种类型的接口。由于MCS-51系列单片机本身有一个全双工的串行接口，因此该系列单片机使用RS-232串行接口总线非常方便。

RS-232C串行接口总线适用于设备之间的通信距离不大于15 m的情况，传输速率最大为20 kbit/s。RS-232C采用串行格式，如图7.14所示。格式规定：信息的开始为起始位，信息的结束为停止位；信息本身可以是5、6、7、8位再加一位奇偶校验位。如果两个信息之间无信息，则写"1"，表示空。

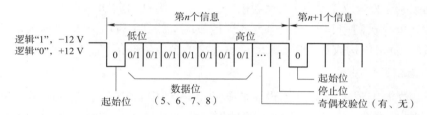

图 7.14　RS-232C 信息格式

RS-232C标准总线为25根，采用标准的D型25芯插头座。通常采用标准的D型9芯插头座，各引脚作用如图7.15所示，引脚信号功能见表7-4。

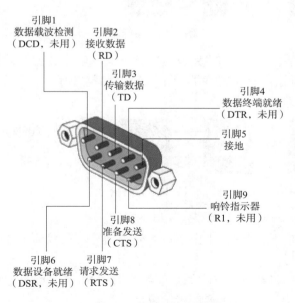

图 7.15　9 芯插头座引脚图

表 7-4　RS-232C 9 芯插头座引脚信号功能

引脚号	信号名称	方向	信号功能
1	DCD	PC ← 对方	PC 收到远程信号（载波检测）
2	RXD	PC ← 对方	PC 接收数据
3	TXD	PC → 对方	PC 发送数据
4	DTR	PC → 对方	PC 准备就绪
5	GND	—	信号地
6	DSR	PC ← 对方	对方准备就绪
7	RTS	PC → 对方	PC 请求发送数据
8	CTS	PC ← 对方	对方已切换到接收状态（清除发送）
9	RI	PC ← 对方	通知 PC，线路正常（振铃指示）

在最简单的全双工系统中，仅用发送数据、接收数据和信号地三根线即可。对于MCS-51单片机利用其RXD（串行数据接收端）线、TXD（串行数据发送端）线和一根地线，就可以构成符合RS-232C接口标准的全双工通信口。

4. 串口通信过程

（1）数据接收过程：外围设备将数据发送到串行输入移位寄存器，串行输入移位寄存器将数据传送到输入数据缓冲器，CPU从输入数据缓冲器中读出数据，如图7.16所示。

图 7.16　串行输入

（2）数据发送过程：CPU将要发送的数据写入输出数据缓冲器，输出数据缓冲器将数据写入串行输出移位寄存器，串行输出移位寄存器将数据输出到外围设备，如图7.17所示。

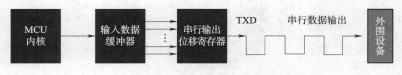

图 7.17　串行输出

（3）STM32串口异步通信需要定义以下参数：

①比特率设置：异步通信中由于没有时钟信号，所以两个通信设备之间需要约定好比特率。

②起始位：串口通信的一个数据包从起始信号开始，数据包的起始信号由一个逻辑0的数据位表示，通信双方要约定一致。

③停止位：串口通信的一个数据包直到停止信号结束，而数据包的停止信号可

由0.5、1、1.5或2个逻辑1的数据位表示，只要双方约定一致即可。

④有效数据位（8位）。

⑤奇偶校验位（第9位）：在有效数据之后，有一个可选的数据校验位。校验控制使能后可选择奇校验（odd）或偶校验（even）。

三、STM32 的 USART 串口库函数配置

（1）使能串口时钟，使能GPIO时钟。

```
RCC_APB2PeriphClockCmd(RCC_APB2Periph_USART1|RCC_APB2Periph_GPIOA,
                ENABLE);                        //使能USART1、GPIOA时钟
```

（2）串口复位。

```
USART_DeInit(USART1);                           //复位串口 1
```

（3）GPIO 端口模式设置。

（4）串口参数初始化。

```
USART_InitTypeDef USART_InitStructure;
USART_InitStructure.USART_BaudRate = bound;         //串口比特率
USART_InitStructure.USART_WordLength = USART_WordLength_8b;
                                                    //字长为8个数据模式
USART_InitStructure.USART_StopBits = USART_StopBits_1;   //一个停止位
USART_InitStructure.USART_Parity = USART_Parity_No;
                                                    //无奇偶校验位
USART_InitStructure.USART_HardwareFlowControl = USART_HardwareFlow
                Control_None;                       //无硬件数据流控制
USART_InitStructure.USART_Mode = USART_Mode_Rx | USART_Mode_Tx;
                                                    //收发模式设置
USART_Init(USART1,&USART_InitStructure)              //根据设定参数使能串口1
```

（5）使能串口。

```
USART_Cmd(USART1,ENABLE);
```

（6）初始化 NVIC 并且开启中断。

```
NVIC_InitTypeDef NVIC_InitStructure;                //Usart1 中断配置
NVIC_InitStructure.NVIC_IRQChannel = USART1_IRQn;//指定串口1中断
NVIC_InitStructure.NVIC_IRQChannelPreemptionPriority=3 ;//抢占优先级3
NVIC_InitStructure.NVIC_IRQChannelSubPriority = 3;       //响应优先级3
NVIC_InitStructure.NVIC_IRQChannelCmd = ENABLE;          //使能IQR通道
NVIC_Init(&NVIC_InitStructure);                          //根据指定参数初始化中断
```

（7）编写中断处理函数。

```
void USART1_IRQHandler(void)                        //串口1中断函数
{
}
```

(8) 其他常用串口函数。

串口数据收发：

```
void USART_SendData();                    //发送数据到串口DR
uint16_t USART_ReceiveData();             //接收数据,从DR读取接收到的数据
```

串口传输状态获取：

```
USART_GetFlagStatus(USART1,USART_FLAG_RXNE);
                                          //判断串口1读取寄存器是否非空(RXNE)
USART_GetFlagStatus(USART1,USART_FLAG_TC);
                                          //判断串口1发送是否完成(TC)
```

与串口基本配置直接相关的几个固件库函数和定义主要分布在stm32f10x_usart.h和stm32f10x_usart.c文件中，可自行查阅。

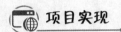 项目实现

一、原理图

为了实现虚拟串口的创建，可下载虚拟串口软件Virtual Serial Port Driver，新建虚拟串口COM1和COM2，如图7.18所示，单击"添加端口"按钮后即可在计算机硬件管理器中看到这两个虚拟串口，并且处于连接状态。

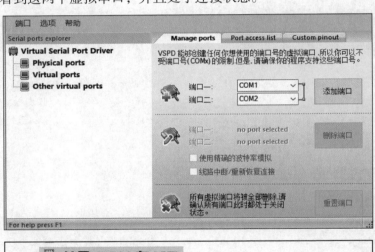

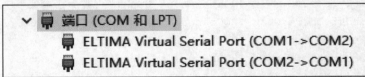

图 7.18　Virtual Serial Port Driver 配置

在Proteus中找到虚拟串口模型COMPIM，将串口的发送端TXD和接收端RXD分别连接到STM32的PA9端口和PA10端口，如图7.19所示。依次发送单个字符"123456789abc"，可以在显示窗口中看到发送的字符依次回送并显示出来，如图7.20所示。

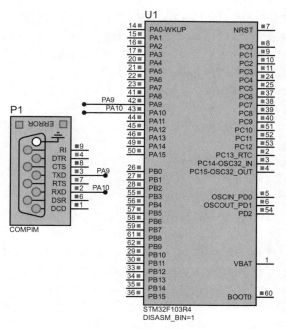

图 7.19　PC 与 STM32 通信系统模拟仿真

图 7.20　读取串口显示

二、参考程序

USART 初始化函数 My_USART1_Init():

```
void My_USART1_Init(void)
{
    GPIO_InitTypeDef GPIO_InitStrue;
    USART_InitTypeDef USART_InitStrue;
    NVIC_InitTypeDef NVIC_InitStrue;
```

```
    RCC_APB2PeriphClockCmd(RCC_APB2Periph_GPIOA,ENABLE);
    RCC_APB2PeriphClockCmd(RCC_APB2Periph_USART1,ENABLE);
    GPIO_InitStrue.GPIO_Mode=GPIO_Mode_AF_PP;
    GPIO_InitStrue.GPIO_Pin=GPIO_Pin_9;
    GPIO_InitStrue.GPIO_Speed=GPIO_Speed_10MHz;
    GPIO_Init(GPIOA,&GPIO_InitStrue);
    GPIO_InitStrue.GPIO_Mode=GPIO_Mode_IN_FLOATING;
    GPIO_InitStrue.GPIO_Pin=GPIO_Pin_10;
    GPIO_InitStrue.GPIO_Speed=GPIO_Speed_10MHz;
    GPIO_Init(GPIOA,&GPIO_InitStrue);
    USART_InitStrue.USART_BaudRate=115200;
    USART_InitStrue.USART_HardwareFlowControl=USART_Hardware
                    FlowControl_None;
    USART_InitStrue.USART_Mode=USART_Mode_Tx|USART_Mode_Rx;
    USART_InitStrue.USART_Parity=USART_Parity_No;//不用奇偶校验
    USART_InitStrue.USART_StopBits=USART_StopBits_1;//1位停止位
    USART_InitStrue.USART_WordLength=USART_WordLength_8b;//8位字长
    USART_Init(USART1,&USART_InitStrue);
    USART_Cmd(USART1,ENABLE);                     //使能串口1
    USART_ITConfig(USART1,USART_IT_RXNE,ENABLE);  //开启接收中断
    NVIC_InitStrue.NVIC_IRQChannel=USART1_IRQn;
    NVIC_InitStrue.NVIC_IRQChannelCmd=ENABLE;
    NVIC_InitStrue.NVIC_IRQChannelPreemptionPriority=1;
    NVIC_InitStrue.NVIC_IRQChannelSubPriority=1;
    NVIC_Init(&NVIC_InitStrue);
}
```

USART中断函数SART1_IRQHandler():

```
void USART1_IRQHandler(void)
{
    uint8_t temp;
    u8 res;
    if(USART_GetITStatus(USART1,USART_IT_RXNE))
    {
        res= USART_ReceiveData(USART1);
        USART_SendData(USART1,res);
    }
}
```

主函数:

```
int main(void)
{
    u8 res;
    NVIC_PriorityGroupConfig(NVIC_PriorityGroup_2);
```

```
    My_USART1_Init();
    while(1)
    {
    }
}
```

项目总结

本项目通过 UART 实现了 PC 和 STM32 的通信。在 Proteus 仪表中找到 VIRTUAL TERMINAL 读取串口发送或接收的数据,或者直接通过 1602 显示出来,参考电路如图 7.21 所示。

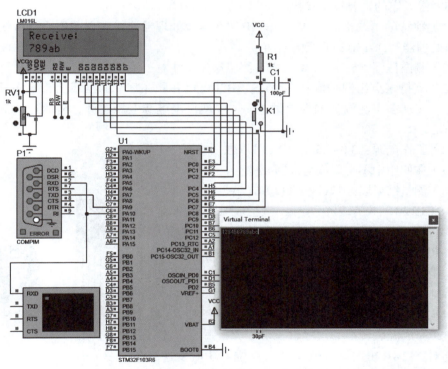

图 7.21 VIRTUAL TERMINAL 读取串口参考电路

项目 7.4　我能学:STM32 温度检测系统模拟仿真

项目分析

温度是工业控制中主要的被控参数之一,特别是在冶金、化工、建材、食品、机械、石油等行业中,具有举足轻重的作用。对于不同场所、不同工艺、所需温度高低范围不同、精度不同,采用的测温元件、测温方法以及对温度的控制方法也不同,产品工艺不同、控制温度的精度不同、时效不同,对数据采集的精度和采用的控制算法也不同,因而对温度的测控方法多种多样。

本项目是基于数字温度传感器DS18B20设计的温度检测系统的模拟仿真,通过液晶屏显示当前环境温度,精度可以达到0.1 ℃。

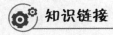知识链接

认知数字温度传感器DS18B20

1. 数字温度传感器DS18B20概述

DS18B20是常用的数字温度传感器,其输出的是数字信号,具有体积小、硬件开销低、抗干扰能力强、精度高等特点。它的接线方便,封装后可应用于多种场合,如管道式、螺纹式、磁铁吸附式、不锈钢封装式等,型号多种多样,有LTM8877、LTM8874等。它的主要技术参数如下:

(1)独特的单线接口方式,DS18B20在与微处理器连接时仅需要一条口线即可实现微处理器与DS18B20的双向通信;

(2)测温范围-55~+125 ℃,固有测温误差(注意,不是分辨率)1 ℃;

(3)支持多点组网功能,多个DS18B20可以并联在唯一的三线上(最多只能并联八个)实现多点测温,如果数量过多,会使供电电源电压过低,从而造成信号传输不稳定;

(4)工作电源:3.0~5.5 V DC(可以数据线寄生电源);

(5)在使用中不需要任何外围元件;

(6)测量结果以9~12位数字量方式串行传送。

DS18B20一共有三个引脚,包括GND:电源地线;DQ:数字信号输入/输出端;V_{DD}:外接供电电源输入端。具体封装和引脚如图7.22所示。单个DS18B20接线方式为:V_{DD}接到电源,DQ接单片机引脚,同时外加上拉电阻,GND接地。注意DQ引脚必须接一个上拉电阻。

根据DS18B20的通信协议,主机(STM32)控制DS18B20完成温度转换必须经过三个步骤:每一次读写之前要对DS18B20进行复位操作,复位成功后发送一条ROM指令,最后发送RAM指令,这样才能对DS18B20进行预定的操作。复位要求主CPU将数据线下拉500 μs,然后释放,当DS18B20收到信号后等待16~60 μs,后发出60~240 μs的存在低脉冲,主CPU收到此信号表示复位成功。DB18B20的ROM指令集和RAM指令集见表7-5和表7-6。

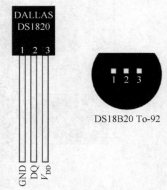

图7.22 DS18B20引脚图

表7-5 DS18B20ROM指令集

指 令	约定代码	功 能
读取ROM	33H	读取DS18B20温度传感器ROM中的编码(即64位地址)
符合ROM	55H	发出此命令后发出64位ROM编码,访问单总线上与该编码相对应的DS18B20使之作出响应,为下一步对该DS18B20的读写做好准备

续表

指 令	约定代码	功 能
搜索 ROM	F0H	用于确定挂接在同一总线上 DS18B20 的个数和识别 64 位 ROM 地址,为操作各器件做好准备
跳过 ROM	CCH	忽略 64 位 ROM 地址,直接向 DS18B20 发送温度变换命令。适用于单片工作
报警搜索命令	ECH	执行后只有温度超过设定值上限或下限的片子才做出响应

表 7-6　DS18B20RAM 指令集

指 令	约定代码	功 能
温度变换	44H	启动 DS18B20 进行温度转换,12 位转换时最长为 750 ms(9 位为 93.75 ms),结果存入内部第 0、1 字节的 RAM 中
读取暂存器	BEH	连续读取内部 RAM 中 9 个字节的内容
写入暂存器	4EH	发出向内部 RAM 的第 2、3 和 4 字节写入上、下限温度数据命令,紧跟该命令后传送 3 字节的数据
备份设置	48H	将 RAM 中第 2、3 和 4 字节的内容复制到 EEPROM 中
恢复设置	B8H	将 EEPROM 中的内容恢复到 RAM 中的第 2、3 和 4 字节
读取供电方式	B4H	读取 DS18B20 的供电模式,寄生供电时 DS18B20 发送 "0",外接电源供电时 DS18B20 发送 "1"

2. 工作原理

DS18B20 内部构成主要由以下三部分组成:64 位 ROM、高速暂存器和存储器。64 位 ROM 存储独有的序列号,ROM 中的 64 位序列号是出厂前被光刻好的,它可以看作该 DS18B20 的地址序列码。每个 DS18B20 的 64 位序列号均不相同,这样就可以实现一根总线上挂接多个 DS18B20。

DS18B20 采用 16 位补码的形式存储温度数据(温度是摄氏度)当温度转换命令发布后,经转换所得的温度值以 2 字节补码形式存放在高速暂存存储器的第 0 和第 1 个字节。高字节的 5 个 S 为符号位,温度为正值时 S=1,温度为负值时 S=0。

剩下的 11 位为温度数据位,对于 12 位分辨率,所有位全部有效;对于 11 位分辨率,位 0 无定义;对于 10 位分辨率,位 0 和位 1 无定义;对于 9 位分辨率,位 0、位 1 和位 2 无定义。当 5 个符号位 S=0 时,温度为正值,直接将后面的 11 位二进制转换为十进制,再乘 0.062 5(12 位分辨率),就可以得到温度值。

当 5 个符号位 S=1 时,温度为负值,先将后面的 11 位二进制补码变为原码(符号位不变,数值位取反后加 1),再计算十进制值。再乘以 0.062 5(12 位分辨率),就可以得到温度值。

例如:数字输出 07D0(00000111 11010000),转换成十进制是 2 000,对应摄氏度为 0.062 5×2 000=125 ℃;数字输出为 FC90,首先取反,然后+1,转换成原码为:11111011 01101111,数值位转换成十进制是 870,对应摄氏度:−0.062 5×870=−55 ℃。DS18B20 具体数据格式见表 7-7。

表 7-7　DS18B20 数据格式

温度 /℃	数据输出（二进制）	数据输出（十六进制）
+125	0000 0111 1101 0000	07D0h
+85	0000 0101 0101 0000	0550h
+25.062 5	0000 0001 1001 0001	0191h
+10.125	0000 0000 1010 0010	00A2h
+0.5	0000 0000 0000 1000	0008h
0	0000 0000 0000 0000	0000h
−0.5	1111 1111 1111 1000	FFF8h
−10.125	1111 1111 0101 1110	FF5Eh
−25.062 5	1111 1110 0110 1111	FF6Fh
−55	1111 1100 1001 0000	FC90h

3．DS18B20 配置步骤

DS18B20的工作步骤可以分为三步：初始化DS18B20，执行ROM指令，执行DS18B20功能指令。其中第二步执行ROM指令，即访问每个DS18B20，搜索64位序列号，读取匹配的序列号值，然后匹配对应的DS18B20，如果仅使用单个DS18B20，可以直接跳过ROM指令，跳过ROM指令的字节是0xCC。

任何器件想要使用，首先需要初始化，对于DS18B20单总线设备，初始化单总线为高电平，然后需要检测这条总线上是否存在DS18B20器件。如果存在，总线会根据时序要求返回一个低电平脉冲，如果不存在，不会返回脉冲，即总线保持为高电平。

初始化具体时序步骤如下：

（1）单片机拉低总线至少需要480 μs，产生复位脉冲，然后释放总线（拉高电平）；

（2）DS18B20检测到请求之后，会拉低信号，60~240 μs表示应答；

（3）DS18B20拉低电平的60~240 μs，单片机读取总线的电平，如果是低电平，那么表示初始化成功；

（4）DS18B20拉低电平60~240 μs之后，会释放总线。

总线控制器通过控制单总线高低电平持续时间从而把逻辑1或0写到DS18B20中，每次只传输1位数据。STM32想要给DS18B20写入一个0时，需要将STM32引脚拉低，保持低电平时间为60~120 μs，然后释放总线。单片机想要给DS18B20写入一个1时，需要将单片机引脚拉低，拉低时间需要大于1 μs，然后在15 μs内拉高总线。在写入时序起始后的15~60 μs期间，DS18B20处于采样单总线电平状态。如果在此期间总线为高电平，则向DS18B20写入1；如果总线为低电平，则向DS18B20写入0。

读时隙是由主机拉低总线电平至少1 μs然后释放总线，读取DS18B20发送过来的

1或0。DS18B20在检测到总线被拉低1 μs后，便开始送出数据，若要送出0就把总线拉为低电平直到读周期结束；若要送出1则释放总线为高电平。需要注意的是所有读时隙必须至少需要60 μs，且在两次独立的时隙之间至少需要1 μs的恢复时间。而且主机只有在发送读取暂存器命令（0xBE）或读取电源类型命令（0xB4）后，立即生成读时隙指令，DS18B20才能向主机传送数据。即先发送读取指令，再发送读时隙。写时隙需要先写命令的低字节，比如写入跳过ROM指令0xCC（11001100），写的顺序是"0、0、1、1、0、0、1、1"。

读时序时是先读低字节，再读高字节，也就是先读取高速暂存器的第0个字节（温度的低8位），再读取高速暂存器的第1个字节（温度的高8位），正常使用DS18B20读取温度时读取两个温度字节即可。具体代码可参考后文的参考程序，这里不再列出。

一、原理图

在Proteus中找到DS18B20，可单击器件上的上下按钮修改模拟仿真的环境温度。电路原理图如图7.23所示。

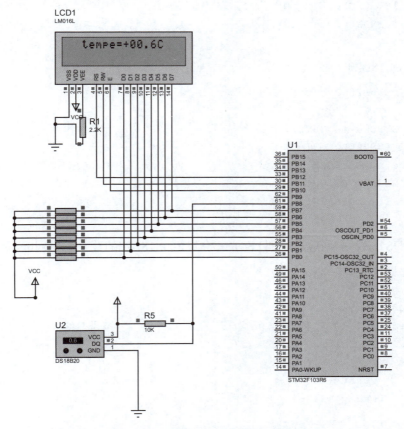

图 7.23 温度检测系统仿真电路原理图

二、参考程序

和DS18B20相关的宏定义ds18b20.h：

```c
#ifndef __DS18B20_H
#define __DS18B20_H
#include "sys.h"
//I/O方向设置
#define DS18B20_IO_IN()  {GPIOB->CRH&=0XFFFFFFF0;GPIOB->CRH|=8<<0;}
#define DS18B20_IO_OUT() {GPIOB->CRH&=0XFFFFFFF0;GPIOB->CRH|=3<<0;}
//IO操作函数
#define    DS18B20_DQ_OUT PBout(8)      //数据端口:PA0
#define    DS18B20_DQ_IN  PBin(8)       //数据端口:PA0

u8 DS18B20_Init(void);                  //初始化DS18B20
short DS18B20_Get_Temp(void);           //获取温度
void DS18B20_Start(void);               //开始温度转换
void DS18B20_Write_Byte(u8 dat);        //写入一字节
u8 DS18B20_Read_Byte(void);             //读出一字节
u8 DS18B20_Read_Bit(void);              //读出一位
u8 DS18B20_Check(void);                 //检测是否存在DS18B20
void DS18B20_Rst(void);                 //复位DS18B20
#endif
```

复位DS18B20：

```c
void DS18B20_Rst(void)
{
    DS18B20_IO_OUT();                   //设置为输出口
    DS18B20_DQ_OUT=0;                   //拉低DQ
    Delay_DS18B20_1us(750);             //拉低750 μs
    DS18B20_DQ_OUT=1;                   //DQ=1
    Delay_DS18B20_1us(15);              //15 μs
}
```

等待DS18B20的回应，返回1表示未检测到DS18B20的存在，返回0表示存在。

```c
u8 DS18B20_Check(void)
{
    u8 retry=0;
    DS18B20_IO_IN();                    //设置为输入口
    while (DS18B20_DQ_IN&&retry<200)
    {
        retry++;
        Delay_DS18B20_1us(1);
    }
    if(retry>=200)return 1;
    else retry=0;
```

```c
    while (!DS18B20_DQ_IN&&retry<240)
    {
        retry++;
        Delay_DS18B20_1us(1);
    }
    if(retry>=240)return 1;
    return 0;
}
```

从DS18B20读取一位,返回值:1/0。

```c
u8 DS18B20_Read_Bit(void)
{
    u8 data;
    DS18B20_IO_OUT();
    DS18B20_DQ_OUT=0;
    Delay_DS18B20_1us(2);
    DS18B20_DQ_OUT=1;
    DS18B20_IO_IN();
    Delay_DS18B20_1us(12);
    if(DS18B20_DQ_IN)data=1;
    else data=0;
    Delay_DS18B20_1us(50);
    return data;
}
```

从DS18B20读取一字节,返回值:读到的数据。

```c
u8 DS18B20_Read_Byte(void)
{
    u8 i,j,dat;
    dat=0;
    for (i=1;i<=8;i++)
    {
        j=DS18B20_Read_Bit();
        dat=(j<<7)|(dat>>1);
    }
    return dat;
}
```

写入一字节到DS18B20,返回值dat:要写入的字节。

```c
void DS18B20_Write_Byte(u8 dat)
{
    u8 j;
    u8 testb;
    DS18B20_IO_OUT();                        //SET PG11 OUTPUT;
    for (j=1;j<=8;j++)
```

```
            {
                testb=dat&0x01;
                dat=dat>>1;
                if (testb)
                {
                    DS18B20_DQ_OUT=0;              //写入1
                    Delay_DS18B20_1us(2);
                    DS18B20_DQ_OUT=1;
                    Delay_DS18B20_1us(60);
                }
                else
                {
                    DS18B20_DQ_OUT=0;              //写入0
                    Delay_DS18B20_1us(60);
                    DS18B20_DQ_OUT=1;
                    Delay_DS18B20_1us(2);
                }
            }
        }
```

开始温度转换。

```
void DS18B20_Start(void)
{
    DS18B20_Rst();
    DS18B20_Check();
    DS18B20_Write_Byte(0xcc);          //跳过 ROM
    DS18B20_Write_Byte(0x44);          //转换
}
```

初始化DS18B20的I/O接口DQ，同时检测DS的存在，返回1表示不存在。返回0表示存在。

```
u8 DS18B20_Init(void)
{
    GPIO_InitTypeDef  GPIO_InitStructure;
    RCC_APB2PeriphClockCmd(RCC_APB2Periph_GPIOA,ENABLE);
                                                      //使能PORTG口时钟
    GPIO_InitStructure.GPIO_Pin = GPIO_Pin_11;        //PORTG.11推挽输出
    GPIO_InitStructure.GPIO_Mode = GPIO_Mode_Out_PP;
    GPIO_InitStructure.GPIO_Speed = GPIO_Speed_50MHz;
    GPIO_Init(GPIOA,&GPIO_InitStructure);
    GPIO_SetBits(GPIOA,GPIO_Pin_11);                   //输出1
    DS18B20_Rst();
    return DS18B20_Check();
}
```

从DS18B20得到温度值,精度:0.1 ℃;返回值:温度值(-550~+1 250 ℃)。

```c
short DS18B20_Get_Temp(void)
{
    u8 temp;
    u8 TL,TH;
    short tem;
    DS18B20_Start ();                   //ds1820 初始化
    DS18B20_Rst();
    DS18B20_Check();
    DS18B20_Write_Byte(0xcc);           //跳过 ROM
    DS18B20_Write_Byte(0xbe);           //转换
    TL=DS18B20_Read_Byte();             //LSB
    TH=DS18B20_Read_Byte();             //MSB
    if(TH>7)
    {
        TH=~TH;
        TL=~TL;
        temp=0;                         //温度为负
    }
    else temp=1;                        //温度为正
    tem=TH;                             //获得高八位
    tem<<=8;
    tem+=TL;                            //获得低八位
    tem=(float)tem*0.625;               //转换
    if(temp)  return tem;               //返回温度值
    else return -tem;
}
```

项目总结

本项目通过单总线通信方式实现了 STM32 对数字集成温度传感器 DS18B20 的读写。参考程序给出了控制 DS18B20 的子函数,请读者自行编写主函数实现项目功能。

附录 A 图形符号对照表

图形符号对照表见表A.1。

表 A.1 图形符号对照表

序 号	名 称	国家标准的画法	软件中的画法
1	开关		
2	发光二极管		
3	二极管		
4	极性电容器		
5	电感器		
6	带磁芯的电感器		
7	按钮开关		
8	晶体管		

续表

序号	名称	国家标准的画法	软件中的画法
9	电动机	M	
10	扬声器		
11	带滑动触点的电阻器		
12	光敏电阻器		

参 考 文 献

[1] 王永虹，徐炜，郝立平. STM32系列ARM Cortex-M3微控制器原理与实践[M]. 北京：北京航空航天大学出版社，2008.

[2] 卢有亮. 基于STM32的嵌入式系统原理与设计[M]. 北京：机械工业出版社，2014.

[3] 刘治满. AVR单片机（C语言）项目开发实践教程[M]. 北京：人民邮电出版社，2015.

[4] 刘一. 基于STM32的嵌入式系统设计[M]. 北京：中国铁道出版社，2015.

[5] 刘志远，黄远民，易铭，等. 嵌入式应用技术：基于STM32固件库编程[M]. 苏州：苏州大学出版社，2019.

[6] 刘黎明，王建波，赵纲领. 嵌入式系统基础与实践：基于ARM Cortex-M3内核的STM32微控制器[M]. 北京：电子工业出版社，2020.

[7] 王巍，李平安. 基于STM32的嵌入式系统设计与开发[M]. 长沙：中南大学出版社，2021.

[8] 游志宇，陈昊，陈亦鲜. STM32单片机原理与应用实验教程[M]. 北京：清华大学出版社，2022.

[9] 孙安青，贾茜子. 嵌入式实验与实践教程:基于STM32与Proteus[M]. 西安：西安电子科技大学出版社，2022.

[10] 毕盛，赖晓铮，汪秀敏，等. 嵌入式微控制器原理及设计：基于STM32及Proteus仿真开发[M]. 北京：电子工业出版社，2022.